AF363455

# ÉTUDES CHIMIQUES

SUR LE

# PHOSPHATE DE CHAUX

ET SON EMPLOI

## EN AGRICULTURE

COMPRENANT L'EXAMEN DES COPROLITHES ET NODULES PSEUDO-COPROLITHIQUES, DES PHOSPHORITES D'ESPAGNE,

DES GUANOS DE L'OCÉAN PACIFIQUE, ETC.

---

Leçons professées à l'École préparatoire des Sciences et des Lettres de Nantes

PAR

## ADOLPHE BOBIERRE

Docteur ès-sciences,
Officier de l'Instruction publique, Chimiste vérificateur des engrais de la Loire-Inférieure,
Correspondant de la Société impériale et centrale d'agriculture de France,
Membre de la Chambre d'agriculture et du Conseil central d'Hygiène et de Salubrité de Nantes,
Correspondant du Ministère de l'Instruction publique pour les travaux scientifiques,
Membre du Jury de l'Exposition nationale d'agriculture (1860),
De l'Académie de Pharmacie de Madrid, etc., etc.

La question est de savoir où trouver
assez de phosphates pour rajeunir des
contrées entières.

ELIE DE BEAUMONT.

---

## 2e ÉDITION

revue et très augmentée.

---

# PARIS,

## LIBRAIRIE AGRICOLE, RUE JACOB, 26.

---

1861

# A Monsieur Muñoz de Luna,

Professeur de Chimie à l'Université centrale de Madrid, Chevalier de l'ordre royal
de Charles III, etc., etc.

Veuillez accepter, mon cher collègue et ami, la dédicace de ces leçons; elles ont été faites sous l'influence d'une pensée qui, depuis longtemps, nous est commune : la restitution au domaine végétal des richesses minérales accumulées dans les profondeurs de la terre. Qu'ils s'appellent apatite ou phosphorite, coprolithe, pseudo-coprolithe ou os fossile, les phosphates enfouis dans le sol sont de véritables pierres précieuses dont l'industrie agricole moderne ne saurait dédaigner les gisements. Cette conviction nous a rapprochés ; et tandis que vous recherchiez en Espagne de nouveaux amas d'acide phosphorique, je vulgarisais, dans ma modeste sphère d'action, les idées générales qui en éclairent l'emploi.

Je saisis avec bonheur l'occasion qui m'est offerte de fortifier par l'affection des liens que la science a formés, et je vous prie d'agréer ces leçons comme un témoignage de bonne confraternité.

Votre dévoué,

ADOLPHE BOBIERRE.

# AVERTISSEMENT.

—

En réimprimant ces leçons sur le phosphate de chaux, j'éprouve
une vive satisfaction, et ce sentiment semblera légitime à tous les
agronomes qui ont suivi, depuis son origine, la question si
controversée des phosphates fossiles. Lorsque mes expériences me
conduisaient à affirmer, en 1856 et 1857, que « l'exploitation des
» nodules de phosphate de chaux sur une vaste échelle et que
» leur traitement en vue des besoins agricoles pouvaient avoir
» une très grande portée sur l'agriculture de vastes régions du
» pays, et en particulier sur la mise en valeur des landes dans
» l'Ouest et le Centre; » lorsque j'ajoutais que l'extraction des
nodules de phosphate constituait une question vraiment *nationale*,
lorsque j'établissais, enfin, que l'assimilation des nodules réduits
en poudre fine était un fait incontestable — au moins pour les
terrains qui comportent l'emploi favorable du noir animal — je
me trouvais en présence des témoignages multipliés d'une incré-
dulité dont une vérité pratique pouvait seule triompher. Et
cependant, à la même époque, M. Elie de Beaumont publiait ses
*Etudes* si remarquables *sur les gisements géologiques du phosphore*,
et traçait, sous l'influence des vues les plus élevées, la philosophie

synthétique d'un problème aussi fécond en corollaires économiques que séduisant par sa portée générale.

Et cependant de bons esprits suppliaient en vain quelques interprètes de la science de ne pas affirmer *à priori* ou d'après des essais de laboratoire, mais d'attendre les résultats observés sur le terrain si mystérieux de la culture.

Telle était, à cette époque, la défiance des agronomes, en ce qui concernait *l'emploi en nature* des phosphates fossiles, que la spéculation, consacrée à la mise en valeur de ces précieux engrais, éprouvait des difficultés même pour leur expérimentation pure et simple.

Et voilà qu'en janvier 1861, la recherche et l'exploitation des phosphates fossiles sont poursuivies plus que jamais par l'industrie commerciale, bien persuadée, paraît-il, de la certitude d'un écoulement important de ces matières. L'erreur de la veille est devenue la vérité du lendemain; les défrichements de régions importantes ont donné gain de cause aux nodules, et l'importance du problème soulevé est jugée telle, qu'il y a presque unanimité désormais pour encourager les tentatives dirigées vers sa solution.

Ce mouvement des idées, cette évolution intellectuelle, ne m'ont pas supris; je m'y attendais, et j'en ai suivi les phases avec un vif intérêt. Aussi bien la défiance a son bon côté : contenue dans certaines limites et dégagée d'un esprit de système, elle sauvegarde les intérêts publics du danger des exagérations, et la meilleure preuve de la sincérité qui la motivait dans les circonstances qui nous occupent, c'est la modification radicale des opinions survenue bientôt sous l'influence de faits notoires et incontestés.

Il faut toutefois le reconnaître, l'emploi d'un engrais spécial nécessite des cas spéciaux, et, en raison même de leur nature, les nodules employés sans discernement auront le sort des matières exclusivement azotées, qui ont fréquemment donné des insuccès dont il ne faut accuser que l'illogisme et le défaut d'observation.

Quelques notions de chimie agricole, et avant tout un raisonnement sain, mettent à l'abri de ces insuccès. Sans faire des expériences *ad hoc*, on peut conclure de la présence de la potasse dans le froment à la nécessité de la potasse dans le sol, et de l'abondance des phosphates assimilables dans un terrain déterminé à l'inutilité de l'acide phosphorique pour l'amender. Dans l'intérêt de la propagation des phosphates fossiles ou des phosphorites de diverses localités, il convient de revenir sans cesse sur ces vérités, toutes élémentaires qu'elles soient, de leur donner une autorité nouvelle par le récit des expériences, de les rendre banales, si faire se peut. A ce prix seulement l'agriculture est en progrès.

Janvier 1861.

# AVERTISSEMENT DE L'ÉDITEUR.

L'auteur a cru devoir conserver à cette seconde édition la forme de leçons et la tournure familière qui constitue l'un de ses avantages. Voulant toutefois concilier la reproduction littérale de ses entretiens avec la publication devenue indispensable de documents nouveaux, il a ouvert une parenthèse à chaque addition, qui se trouve ainsi tout à la fois signalée comme propre à la seconde édition, et cependant classée à la place qui lui convient.

# DU

# PHOSPHATE DE CHAUX

## ET DE SON EMPLOI

# EN AGRICULTURE

## PREMIÈRE LEÇON.

Vicieuse interprétation d'une proposition exacte. — Culture de l'air et culture du sol. — Inventaire de l'atmosphère. — Dualisme nécessaire. — Assimilation des substances minérales par les plantes. — Influence de la nature chimique du sol. — Influence de l'individualité du végétal. — Les plantes choisissent. — Base de la théorie des engrais et des assolements. — Ce que les récoltes enlèvent au sol. — Nécessité de l'association de l'azote à l'acide phosphorique basée sur la constitution des graines. — Le dernier mot du problème.

Messieurs,

Il y a une vingtaine d'années, MM. Payen et Boussingault, prenant pour base d'appréciation l'hypothèse d'un sol normal, c'est-à-dire contenant toutes les substances minérales fixes indispensables à la végétation, émettaient cette proposition : que les engrais peuvent être classés d'après leur teneur en azote. « Tout en reconnaissant l'importance, la nécessité absolue des principes azotés dans les engrais, ajoutaient ces chimistes (1), nous sommes loin de penser que ces principes soient les seuls utiles à l'amélioration du sol. Il est certain que plusieurs sels calcaires et terreux sont indispensables au développement des végétaux. »

Mal comprise, et dès lors mal appliquée, cette proposition, si logique, a donné lieu à des confusions fâcheuses. On a trop souvent méconnu le véritable point de vue des auteurs que je viens de citer. Oubliant les corollaires qui découlent immédiatement de l'examen d'un végétal et du sol où il s'est développé, on a préconisé outre-mesure des substances azotées lorsque le terrain qui devait le recevoir réclamait tout d'abord des matières minérales indispensables à la culture. Passant d'un extrème à l'autre, on a quelquefois oublié les lois auxquelles est subordonnée l'assimilation des principes terreux qu'on employait. On négligeait ainsi, par un exclusivisme non moins fâcheux, l'immense parti qu'on pouvait tirer des substances azotées. Mieux que personne, Messieurs, vous avez pu suivre avec intérêt cette lutte, ces discussions, ces tâtonnements d'où la vérité devait enfin jaillir. Défrichant un sol spécial presque uniquement composé de détritus d'une même provenance originaire, mais qui ont éprouvé, à des degrés distincts, des effets d'altération ou de remaniement ; semant avec profusion le sarrasin et le froment — ces avides aspirateurs de phosphates — dans les débris des roches anciennes, à éléments quartzo-feldspatiques et micacés qui forment les terrains de la Bretagne, vous avez depuis longtemps compris que si les éléments de fertilisation doivent être, dans une certaine limite, empruntés à l'atmosphère, il vous importait, à vous surtout, de ne pas oublier les rapports du végétal avec le sol, et quel appauvrissement de la propriété foncière peut résulter de l'emploi trop exclusif des engrais azotés.

Puisant tout à la fois dans l'atmosphère et dans le sol, le végétal peut être étudié — vous le comprenez déjà — à un double point de vue. Quelle que soit d'ailleurs la différence des horizons

_______________

(1) *Annales de Chimie et de Physique*, 3ᵉ série, **T. III et VI.**

pendant le cours d'une telle étude, il est important de ne pas oublier que tout se lie dans les phénomènes de la nature, et que, sauf certains cas exceptionnels déterminés, l'obtention des récoltes signifie tout à la fois *culture de l'air et culture du terrain.*

N'est-ce pas cultiver l'air, en effet, que d'en extraire, par mille procédés ingénieux, des gaz qui, se solidifiant bientôt, revêtiront les riants aspects de la végétation? Qu'est-ce que ces ingénieuses pratiques qui permettent de remuer le sol, de le rendre poreux, de l'enrichir de substances azotées, de l'égoutter, de l'irriguer enfin, sinon des méthodes de fixation de l'azote atmosphérique sous forme de salpêtre ou d'ammoniaque, de condensation de l'acide carbonique, sous forme, soit de solution aqueuse, soit encore de gaz utilement amassé dans de mystérieux magasins? Qu'est-ce enfin que ces eaux aspirées en quelque sorte par les cimes des montagnes que reboise le sylviculteur, puis répandues sur le sol où elles portent l'abondance et répartissent les éléments inertes? Qu'est-ce que tout cela, sinon le domaine atmosphérique devenu le domaine de l'agriculteur intelligent?

J'ai eu occasion, Messieurs, de dresser avec vous l'intéressant inventaire des richesses atmosphériques; j'ai essayé de vous faire comprendre ces admirables réactions sous l'influence desquelles le végétal emprunte à l'air le carbone, l'hydrogène, l'oxygène et l'azote dont il est formé. Les intéressantes recherches des Barral, des Frésenius, des Pierre, des Grœger, des Kemp, vous ont montré l'eau de pluie apportant aux terrains des proportions considérables de substances fertilisantes, dont une observation superficielle ne permettait pas de calculer l'importance. Je vous ai cité les grandes vues synthétiques de M. Dumas, sur l'harmonie du règne végétal et du règne animal. Enfin, des nombreuses et probantes expériences de M. Boussingault, nous avons pu déduire que les végétaux n'absorbent pas directement l'azote atmosphérique : d'où cette conséquence, que ce principe, si essentiel à l'organisation, doit être transformé, condensé par la culture de la prairie, condensé encore par l'élevage de l'herbivore, condensé en dernière analyse par les excréments et les détritus animaux, pour se transformer en plantureuses récoltes. Voilà, Messieurs, l'histoire des migrations d'une bulle d'air, et voilà surtout la démonstration de cette grande loi du travail, pour la réalisation de laquelle la science peut bien se substituer à la force physique, mais où l'activité humaine est l'indispensable moteur.

Et maintenant, Messieurs, que nous sommes d'accord sur ces considérations générales qui dominent évidemment toute discussion relative aux engrais, maintenant que nous savons quel dualisme doit nous guider dans nos investigations ultérieures, abordons l'examen des nécessités les moins discutables de la *culture du terrain*. Cet examen pourra peut-être emprunter un intérêt puissant aux nombreuses recherches effectuées depuis quelque temps sur les gisements de phosphates utilisables par l'agriculture.

Les cendres qu'on obtient lorsqu'on brûle une plante, nous donnent une irréfragable preuve de l'aptitude du végétal à emprunter au sol des éléments terreux et fixes. Ce qu'une observation très superficielle nous démontre également, c'est que telle famille végétale se distingue de telle autre, aussi bien par la quotité des cendres que par leurs qualités. Depuis longtemps, et sans être précisément des chimistes, les marchands de charrée de nos localités ont fait à cet égard des remarques très judicieuses et que les recherches des savants n'ont fait que préciser en les coordonnant.

Est-ce à dire qu'un végétal déterminé donnera toujours la même quantité de cendres, quelles que soient d'ailleurs les conditions de son développement? Sommes-nous en droit d'établir que cette cendre sera toujours identique, alors qu'elle proviendra d'une végétation opérée sur un sol argileux ou calcaire? Certainement non, Messieurs, et c'est à cause des variations de quotité et de qualité inhérentes à ces conditions variables, qu'il a été longtemps difficile d'établir des lois quelque peu rigoureuses exprimant la répartition des substances minérales dans les différentes familles des végétaux.

Les analyses des Théodore de Saussure, des Knop, des Berthier, des Boussingault, ont permis d'établir des faits importants et de démontrer que ce n'est pas capricieusement et dans des conditions indépendantes de toute loi que la matière minérale du sol est aspirée et fixée dans la récolte. Tout récemment encore, un remarquable mémoire de MM. Malaguti et Durocher, a permis de jeter une lumière plus vive sur cet intéressant sujet. Une nombreuse série de végétaux, croissant spontanément dans les terrains non calcaires, a été l'objet des analyses de ces savants. Permettez-moi d'insister quelques instants sur certaines conséquences de ces analyses.

MM. Malaguti et Durocher ont tout d'abord constaté que, dans les individus, comme dans les familles, l'influence du sol calcaire se fait remarquer d'une manière saisissante : des chiffres permettent d'établir ce fait important. Voici, en effet, la richesse en chaux de la même plante croissant spontanément sur un sol calcaire ou sur un sol argileux :

| PLANTES CUEILLIES. | SUR LES SOLS | |
|---|---|---|
| | CALCAIRES. | ARGILEUX. |
| Brassica oleracea (Crucifères)........ | 27,98 | 13,62 |
| Brassica napus (Crucifères).......... | 43,60 | 19,48 |
| Trifolium pratense (Légumineuses)... | 43,32 | 29,72 |
| Trifolium incarnatum (Légumineuses). | 36,18 | 26,68 |
| Scabiosa arvensis (Dipsacées)........ | 28,60 | 17,16 |
| Allium porum (Liliacées)............ | 22,61 | 11,41 |
| Dactylis glomerata (Graminées)...... | 6,24 | 4,62 |
| Quercus pedunculata (Amentacées cupulifères)..................... | 70,14 | 54,00 |
| Moy. des prop. centésimales de chaux.. | 34,83 | 22,09 |

De ces faits isolés à des faits généraux, la transition est facile, lorsque nous considérons les chiffres suivants déterminés par les mêmes savants et qui ont trait aux grands caractères des familles :

| PLANTES CUEILLIES. | SUR LES SOLS | |
|---|---|---|
| | CALCAIRES. | ARGILEUX. |
| 1° Dans les Crucifères (six analyses).. | 35,79 | 20,12 |
| 2° Dans les Légumineuses (six analyses) | 40,26 | 28,12 |
| •3° Dans les Dypsacées (cinq analyses).. | 38,65 | 20,63 |
| 4° Dans les Salicinées du genre Populus (cinq analyses) .................. | 68,87 | 51,16 |
| Moy. des prop. centésimales de chaux.. | 45,87 | 30,01 |

Si vous considérez, Messieurs, la dernière colonne des deux tableaux que je viens de mettre sous vos yeux, vous y remarquerez que, sur des sols argileux, il y a eu en réalité absorption de chaux par le végétal. C'est que, dans le sol arable, il suffit de proportions extrêmement petites — je dirai même inappréciables par nos réactifs cependant si sensibles — de matières utiles au végétal pour que celui-ci se mette à leur recherche, les sépare, les aspire, les assimile et les amène ainsi des profondeurs de la terre où elles eussent été ignorées, dans les tiges, les feuilles, les fleurs et les fruits où leur localisation devient si aisément évidente qu'il suffit, pour l'établir, d'une simple combustion à l'air.

Nous reviendrons plusieurs fois sur ce sujet.

Gardez-vous toutefois d'oublier, Messieurs, qu'à côté de ces faits il en est de non moins intéressants pour vous, agriculteurs bretons, qui voulez avant tout être éclairés sur la production la plus avantageuse, dans les conditions déterminées par la nature argilo-schisteuse du sol que vous exploitez.

Une loi sur laquelle sont d'accord tous les savants dont je viens de vous citer les noms, une loi qui ressort, non-seulement des expériences de laboratoire, mais encore de la diminution de fécondité de quelques pays trop longtemps producteurs des mêmes récoltes, c'est celle du *choix* des végétaux pour tel principe minéral plutôt que pour tel autre. Entendons-nous : ce choix pourra bien être contrarié par l'homme dans une limite restreinte ; la plante pourra bien, à la rigueur, subir une modification de régime, selon le terrain qu'on lui offrira ; mais rappelez-vous toujours que si le froment, par exemple, fournit des cendres généralement riches en acide phosphorique, il faudra plutôt se préoccuper de lui en donner abondamment, soit par le choix du sol, soit par la composition des engrais, que s'adonner à des recherches de détail sur les modifications possibles des cendres du froment selon les localités. Savoir de quels aliments minéraux les plantes usuelles sont avides, c'est un grand point, puisque la science des assolements et des engrais dérive immédiatement de cette connaissance.

Un chimiste dont je prononcerai souvent le nom dans ces conférences, parce que ses travaux ont largement contribué à fonder la chimie agricole moderne, M. Boussingault a voulu — se plaçant sur le terrain de la pratique — effectuer cette utile recherche des matériaux du sol spécialement assimilables par telle ou telle plante. Vous comprenez facilement, Messieurs, qu'en possession d'une telle donnée, l'agronome intelligent puisse apprécier avec une suffisante rigueur ce que telle récolte enlève à sa propriété, et par suite ce qu'il faut qu'il lui restitue. D'autre part, s'il est établi que le végétal A enlève surtout un principe inorganique du sol qui n'est pas très-nécessaire au végétal B, il sera possible d'admettre que les cultures de A et de B se succèderont sans danger ; mais c'est là du simple et vulgaire bon sens. Je n'insiste pas.

Voici ce que 100 parties de cendres des plantes cultivées par M. Boussingault, dans son domaine de Bechelbronn, lui ont fourni en acide phosphorique (le phosphate de chaux des os contient 46 pour cent de cet acide), puis en potasse et en chaux. Je laisse de côté à dessein les autres substances constitutives de ces cendres, telles que silice, magnésie, soude, chlore, acide sulfurique, etc.

Mon but étant tout spécial, mon désir étant de vous appeler sur un terrain de culture que j'appellerai commercial, mes citations se bornent aux matières les plus chères, nécessaires aux végétaux. Or, les phosphates, les alcalis, la chaux, voilà pour vous, Messieurs, ce dont il importe d'être préoccupé. Mais revenons aux analyses de M. Boussingault ; elles lui ont fourni ces chiffres :

**Substances contenues dans 100 parties de cendres.**

| VÉGÉTAUX QUI ONT DONNÉ LES CENDRES. | ACIDE phospho- rique. | CHAUX. | POTASSE. |
|---|---|---|---|
| Pommes de terre........... | 11.3 | 1.8 | 51.5 |
| Betteraves champêtres...... | 6.0 | 7.0 | 39.0 |
| Navets................... | 6.1 | 10.9 | 33.7 |
| Topinambours ............ | 10.8 | 2.3 | 44.5 |
| Froment.................. | 47.0 | 2.9 | 29.5 |
| Paille de froment.......... | 3.1 | 8.5 | 9.2 |
| Avoine .................. | 14.9 | 3.7 | 12.9 |
| Paille d'avoine........... | 3.0 | 8.3 | 24.5 |
| Trèfle .................. | 6.3 | 24.6 | 26.6 |
| Pois.................... | 30.1 | 10.1 | 35.3 |
| Haricots ................ | 26.8 | 5.8 | 49.1 |
| Fèves .................. | 34.2 | 5.1 | 45.2 |

Le sarrasin ou blé noir, dont la culture vous est si familière, donne des cendres qui s'élèvent à 2,50 % ou à 3,20 % du végétal, selon qu'on brûle la graine ou la paille. La composition centésimale de la cendre, dans chacun de ces cas, est la suivante :

|  | Graine. | Paille. |
|---|---|---|
| Alcalis...................... | 21,84 | 15 |
| Chaux...................... | 6,66 | 55,98 |
| Magnésie .................. | 10,38 | 15,99 |
| Fer , etc................... | 1,05 | 2,70 |
| Acide phosphorique........... | 50,22 | 0,67 |
| Acide sulfurique.............. | 2,16 | 0,30 |
| Acide silicique............... | 0,69 | 7,72 |
| Chlore..................... |  | 1,64 |
|  | 100,00 | 100,00 |

Mais poursuivons cette étude et appliquons ces analyses à la culture d'un hectare, nous obtiendrons des chiffres dont il est facile de comprendre l'importance.

**Substances minérales enlevées au sol sur un hectare.**

| NATURE DE LA RÉCOLTE. | RÉCOLTE sèche. | CENDRES dans 100 parties de la récolte. | QUANTITÉ de cendres par hectare | ACIDE phosp⁰- rique. | CHAUX. | POTASSE et soude. |
|---|---|---|---|---|---|---|
|  | kil. | kil. | kil. | kil. | kil. | kil. |
| Pommes de terre............. | 3085 | 4.0 | 123.4 | 13.9 | 2.2 | 63.5 |
| Betteraves.................. | 3172 | 6.3 | 199.8 | 12.0 | 14.0 | 89.9 |
| Navets dérobés, demi-récolte.. | 716 | 7.6 | 54.4 | 3.3 | 5.9 | 20.6 |
| Topinambours............... | 5500 | 6.0 | 330.0 | 35.6 | 7.6 | 146.8 |
| Froment................... | 1148 | 2.4 | 27.5 | 12.9 | 0.8 | 8.1 |
| Paille de froment............ | 2790 | 7.0 | 195.3 | 6.0 | 16.6 | 15.0 |
| Avoine.................... | 1064 | 4.0 | 42.6 | 6.4 | 1.6 | 5.5 |
| Paille d'avoine.............. | 1283 | 5.1 | 65.4 | 1.9 | 5.4 | 18.9 |
| Trèfle..................... | 4029 | 7.7 | 310.2 | 19.5 | 76.3 | 81.1 |
| Pois fumés................. | 998 | 3.1 | 30.9 | 9.3 | 3.1 | 11.7 |
| Haricots à l'état normal....... | 1580 | 3.5 | 55.3 | 14.8 | 3.2 | 27.1 |
| Fèves à l'état normal......... | 2121 | 3.0 | 63.6 | 21.8 | 3.2 | 28.7 |

2

N'oublions pas le sarrasin, qui enlève en moyenne à chaque hectare de terrain :

|  | Alcalis. | Chaux. | Acide phosphorique. |
|---|---|---|---|
| Grain............... | $6^k31$ | $1^k46$ | $11^k00$ |
| Paille............... | $2^k85$ | $10^k63$ | $0^k12$ |
|  | $9^k16$ | $12^k09$ | $11^k12$ |

Ainsi, la récolte du blé faite sur un hectare de terrain correspond à l'enlèvement d'environ 19 kilogrammes d'acide phosphorique ; une récolte de fèves enlève 22 kilogrammes du même acide. Or, supposez, Messieurs, que, dans un sol pauvre par lui-même, cela se répète longtemps; supposez que l'agriculteur, par l'accumulation dans ses fumures, des principes atmosphériques, carbone, azote, oxygène, hydrogène, ait poussé dans ses dernières limites l'extraction, par les plantes, de l'acide phosphorique, des alcalis et de la chaux que renfermait son terrain: que lui arrivera-t-il ? La maigreur des récoltes, conséquence d'un épuisement du sol; l'insuccès, la ruine, en un mot. C'est le sort de tout agronome imprévoyant qui compte trop sur les ressources de la terre, parce qu'il voit l'atmosphère éternellement prodigue. Je me hâte de dire que souvent et sur un sol riche en engrais minéraux, c'est également la destinée de ceux qui demandent l'azote à l'atmosphère, sans travailler eux-mêmes à la transformation, à l'appropriation de ce gaz à leurs besoins.

[Écoutons à cet égard le professeur Liebig.

« Cependant les fermiers n'ont pas encore compris cette vérité. De même que leurs ancêtres ont regardé les terres comme inépuisables, ils supposent que l'emploi des engrais étrangers n'aura pas de terme.

Il est beaucoup plus simple, disent-ils, d'acheter du guano et des os, que d'aller recueillir les mêmes éléments dans les égouts des villes, auxquels il sera toujours temps de recourir si les autres engrais viennent à manquer. Mais de toutes les erreurs des cultivateurs, celle-ci est une des plus funestes.

Si l'on reconnaît en effet qu'aucun pays ne peut en alimenter perpétuellement un autre avec des grains, on doit admettre, à beaucoup plus forte raison, que l'importation des engrais cessera plus tôt encore d'être possible, puisque la contrée qui les fournit voit diminuer sa production de grains avec une telle rapidité, qu'elle devra bientôt retenir pour elle tous ses engrais. Si l'on considère que 1 kilog. d'os contient l'acide phosphorique nécessaire pour la production de 60 kilog. de froment; qu'en important 1,000 tonneaux métriques de cette matière, on a pu rendre les terres anglaises capables de produire 60,000,000 de kilog. de plus de ce grain, et que cette importation dans le Royaume-Uni s'effectue depuis un certain nombre d'années, on peut juger de la perte immense qui en est résultée pour les terres de l'Allemagne, d'où les os ont été tirés. On conçoit que si ce commerce eut continué, ce pays aurait pu devenir assez infertile pour se trouver hors d'état de fournir le blé nécessaire à ses habitants.]

Mais voyez, Messieurs, comme la nature a pris soin de nous indiquer cette double nécessité des *cultures simultanées de l'atmosphère et du sol.* Lorsqu'on analyse les récoltes, on y constate une remarquable relation entre les produits azotés et l'acide phosphorique. M. Mayer (1) a analysé 10 échantillons d'avoine, 10 échantillons d'orge, 10 échantillons de froment et 10 échantillons de seigle, cultivés sur des terrains distincts; il a dosé avec soin l'azote et l'acide phosphorique de ces produits agricoles; il a constaté une fois de plus :

1° Que les oscillations qu'on remarque entre les proportions d'azote et d'acide phosphorique, sont comprises dans des limites très restreintes ;

2° Qu'il en est de même — au moins quant à ces semences — pour la quotité de cendres ;

3° Qu'il existe une relation remarquable entre les matières albuminoïdes et l'acide phosphorique que renferment les graines.

(1) *Annalen der Chimie und Pharmacie.* — Tome CI, pag. 129 (nouvelle série, tome XXV), février 1857.

A une augmentation dans la proportion de l'acide phosphorique correspond une augmentation dans la proportion des matières albuminoïdes. On peut donc admettre que la formation des matières albuminoïdes dans les graines, est subordonnée à l'existence des phosphates.

4° Ce rapport diffère pour chaque matière albuminoïde. Les graines des légumineuses qui renferment principalement de l'albumine soluble et de la légumine, contiennent, pour la même proportion d'acide phosphorique, une fois et demie à deux fois plus d'azote que les graines de céréales qui sont spécialement riches en gluten.

5° Lorsque l'une des substances protéiques est remplacée par une autre, dans les semences de la même espèce et de la même variété, le rapport de l'acide phosphorique à l'azote se modifie par cela même.

Ce dernier fait, Messieurs, avait été déjà formulé par M. Millon. Récemment et d'une manière plus générale, M. Boussingault a prouvé surabondamment, par de nombreuses expériences, que, dans l'action combinée de l'azote *assimilable* et des phosphates, était résumé le grand problème de la végétation féconde. Azote et phosphates terreux, avait dit de son côté M. Dumas, pour résumer les données de cette question; et s'il m'était permis d'associer le nom d'un obscur pionnier de la science à ceux de ces maîtres illustres, je rappellerais ce que, dans une autre enceinte, je disais en 1856 (1) : « A côté des usines où la chimie extrait et condense » les combinaisons ammoniacales, la génération qui s'élève verra » construire d'autres usines où l'acide phosphorique, que la » nature a déposé dans certaines régions géologiques, sera » approprié aux besoins d'une agriculture perfectionnée. »

Ce qui me donne toute confiance en émettant ces propositions, c'est que je parle à un auditoire convaincu d'avance. Tous, Messieurs, vous avez été témoins des résultats admirables que, depuis tantôt trente-huit ans, l'emploi sagement compris du noir

(1) *Le Noir Animal,* pag. 78.

animal , — c'est-à-dire de l'acide phosphorique uni à l'azote , — peut réaliser dans l'agriculture des terrains argilo-schisteux.

Laissez-moi vous faire observer , en terminant, qu'insensiblement et par la force naturelle des choses, l'étude des matières terreuses nécessaires à la végétation nous conduit à l'étude des phosphates , ces véritables pierres précieuses du domaine confié à vos labeurs.

# DEUXIÈME LEÇON.

Le sol considéré comme réservoir de phosphates. — Migrations de la molécule de phosphore. — L'acide phosphorique dans les sols primitifs, dans les végétaux, dans les animaux. — L'acide phosphorique trouvé dans les terres fertiles. — Action mutuelle des phosphates et des principes azotés. — Les rivières transportent de l'acide phosphorique. — Analyse des fumiers. — Analyse des substances animales. — Fixation de l'acide phosphorique par les animaux. — Statistique du phosphore considéré comme partie intégrante du corps humain.

MESSIEURS ,

L'incinération des animaux ou des végétaux nous fournit des résidus qui renferment toujours de l'acide phosphorique. La présence invariable de ce principe dans les cendres permet de dire que les idées d'organisation et de présence du phosphore sont inséparables l'une de l'autre. Ce qu'il faut toutefois constater, c'est que beaucoup d'analyses de roches, de terrains de sédiment, de terres arables mêmes, ne font pas mention des phosphates. C'est cependant à la terre que les végétaux, et par suite les animaux, ont dû emprunter l'acide phosphorique : la terre doit donc *à priori* nous apparaître comme un véritable réservoir de phosphore. Quelques mots sont nécessaires à cet égard.

Un éminent géologue, auteur d'un récent et remarquable travail sur les *Gisements géologiques du Phosphore* — M. Elie de Beaumont — a dit avec raison que ce corps n'avait pas été créé pour l'agrément des chimistes. Cela , Messieurs , est parfaitement vrai. Par sa facilité à échapper à l'action des réactifs ou à s'engager dans des combinaisons complèxes qui masquent ses

caractères, le phosphore, à très petite dose surtout, a été longtemps négligé par les chimistes. Je ne doute pas que la révision
des nombreuses analyses de sols qui ont été publiées depuis
cinquante ans n'en puisse donner la preuve. Depuis quelques
années, la chimie analytique a fait de grands progrès sous ce
rapport, et l'emploi de certains réactifs, tels que le molybdate
d'ammoniaque, l'azotate de bismuth, etc., permet de poursuivre
et d'atteindre, dans les minerais, les argiles ou les marnes, des
traces extrêmement minimes d'acide phosphorique qu'on n'avait
signalées jusqu'à ces derniers temps qu'avec une grande difficulté.

Je vous parlais, Messieurs, dans notre dernière réunion, des
migrations d'une bulle d'air, et je vous retraçais ces curieux
phénomènes de condensation, sous l'influence desquels la
molécule d'azote s'appelle successivement ammoniaque ou acide
azotique, puis organisme végétal, puis enfin fibre musculaire.
Les migrations de la molécule de phosphore ne sont pas moins
intéressantes pour le naturaliste ou l'agriculteur. Essayons de les
saisir et de les retracer en partant des origines premières de
l'acide phosphorique, c'est-à-dire de l'existence de ce corps dans
les roches primitives et cristallisées.

L'analyse de ces roches, des gîtes métallifères qu'elles recèlent,
a récemment prouvé que, presque toujours, l'acide phosphorique
est un de leurs éléments constitutifs. Associé à la chaux, aux
oxydes de fer, de manganèse, de plomb, de cuivre, etc., ce corps
se révèle presque constamment au chimiste exercé qui en fait
une recherche spéciale. Ses proportions sont le plus souvent très
minimes, mais qu'importe; les végétaux n'ont-ils pas une mer-
veilleuse faculté pour dégager du sol les principes nécessaires à
leur développement?

Et remarquez, Messieurs, comme tout va s'enchaîner pour
nous expliquer la diffusion de l'acide phosphorique dans nos
cultures. Reportons-nous par l'imagination à l'origine des choses,
à ces grands phénomènes naturels, dont toutes les traditions,
d'accord en cela avec la géologie, nous révèlent les gigantesques

phases. Les roches ignées renferment de l'acide phosphorique. La désagrégation de ces roches, sous les influences combinées des eaux, de l'air, de la température et de l'acide carbonique, favorisent bientôt la division physique des masses. La végétation se développe, vivace, luxuriante, immense; accumulant tout à la fois en elle et le carbone de l'atmosphère qu'elle doit rendre sous forme de houille à de lointaines générations, et les phosphates que ses organes plongés dans un sol vierge s'assimilent, pour les abandonner un jour extrêmement divisés à la surface du sol. Et comme moyen énergique, actif, incessant de cette providentielle répartition, survient le règne animal et sa puissance de condensation des principes riches en azote et en phosphore. C'est alors la végétation qui subvient aux besoins alimentaires d'individus nouveaux : les phosphates revêtent de nouvelles formes. La molécule d'acide phosphorique n'est plus la portion inerte et cristalline de la roche ignée ; ce n'est plus la charpente minérale de la plante, c'est la substance osseuse de l'animal ; que dis-je, c'est tout à la fois son squelette et sa chair, sa fibre nerveuse et son être tout entier. N'ai-je pas déjà avancé que les idées d'organisme et de phosphore sont inséparables l'une de l'autre ?

[M. Corenwinder a consacré d'intéressantes recherches (1) à suivre le phosphore dans les plantes et à constater, le réactif à la main, sa localisation à telle ou telle époque de la végétation. Des faits intéressants ont été mis en lumière par ce chimiste, et j'en mentionnerai quelques-uns.

L'analyse des racines, des tiges et des fruits, prouve que le phosphore, dont la destination est d'ordre supérieur, se trouve surtout dans les organes naissants, où il concourt à l'organisation. Il diminue proportionnellement dans la racine ; ainsi la racine de la betterave ne contient plus de phosphore après la maturité des graines. Saussure, et plus tard (en 1859), M. Garreau, professeur de botanique à Lille, avaient signalé déjà ce fait important que les feuilles d'un arbre donnent, au sortir du bouton, des

(1) *Annales de Chimie et de Physique.* Septembre 1860.

cendres plus riches en phosphates qu'à toutes les autres époques de la végétation.

M. Corenwinder a constaté d'une manière générale que les tissus des plantes dont la végétation est accomplie ne renferment en matières minérales que des sels alcalins, des nitrates, des chlorures, du fer et surtout de la silice et de la chaux. L'élément phosphoré ne fait que traverser les tissus sans s'y fixer. C'est dans la graine qu'on le retrouvera. Ce chimiste a prouvé, d'autre part, que les matières excrétées par les végétaux — manne — gomme arabique — ne renferment pas de phosphore. Enfin, le même savant a établi que dans le pollen des fleurs il y a une quantité considérable de phosphore organisé, qu'on trouve à l'état d'acide phosphorique dans les cendres de ces petits organes. Sous ce rapport, le pollen est analogue à la liqueur séminale.]

En résumé, le phosphore existait à l'origine des choses dans les *roches primitives ;* il est devenu plus assimilable en raison de sa répartition dans les *terrains de transition et de sédiment;* les végétaux s'en sont emparés, puis l'ont cédé aux animaux ; et ce tableau, Messieurs, vous l'avez chaque jour sous les yeux, lorsque vous suivez d'un œil attentif les pratiques agricoles de la Bretagne et de l'Auvergne. Il va prendre une couleur plus saisissante peut-être, lorsque ses données seront nettement déterminées par des chiffres.

J'ai essayé, Messieurs, de procéder méthodiquement pour vous démontrer l'*existence* du phosphore dans le sol, les végétaux et les animaux. Je suivrai la même marche en exprimant par quelques chiffres la *quantité* de l'acide phosphorique, eu égard à ces différents milieux.

La fertilité de certains terrains est désormais expliquée, grâce aux habiles et minutieuses investigations de la chimie analytique. Vous savez, Messieurs, que les noirs d'os et les phosphates de chaux d'origines diverses, qui font merveille sur les sols primitifs et de transition, sont relativement sans action sur les terrains calcaires, où réussissent, par contre, les engrais azotés. Or, tandis que les terrains primitifs et de transition contiennent peu de phosphates, *tandis que ces phosphates sont fortement agrégés,* au contraire, les marnes, les calcaires tertiaires nous les offrent en proportion assez forte et à un état tout favorable à l'assimilation. Tout s'explique dès lors pour l'observateur. Voici, au surplus, quelques chiffres significatifs.

M. Elie de Beaumont, dans le remarquable mémoire que j'ai cité tout à l'heure, raconte ce qui suit :

Vers l'époque où des agronomes anglais faisaient explorer les gisements de phosphate de chaux de l'Estramadure par MM. Daubeny et Widdrington, on reconnut, dans le Surrey, que l'emploi des os pulvérisés et d'autres matières riches en acide phosphorique ne procurait aucun avantage à l'agriculture lorsqu'on les répandait sur des terres assez fertiles par elles-mêmes, dont le sous-sol appartient à certaines assises de grès verts supérieur et inférieur. Cela devait faire soupçonner que le phosphate de chaux, qui est l'un des éléments fertilisants des os pulvérisés, se trouvait naturellement dans ces terres en proportion suffisante, idée à laquelle les remarques de M. le docteur Fitton avaient déjà préparé les esprits.

Un chimiste exercé, M. J.-C. Nesbit, s'occupa immédiatement de recueillir des sols et des roches de ces cantons, dans le but de faire des recherches chimiques sur l'origine de leur fertilité. Il reçut entre autres de Farnham des échantillons d'une marne fertile, située dans les propriétés de M. J.-M. Paine. Un examen rapide lui révéla la présence, dans cette marne, d'une proportion inaccoutumée d'acide phosphorique, et, en novembre 1847, il communiqua à M. Paine la découverte qu'il avait faite à cet égard.

On retira de cette marne, par le moyen du lavage, des substances contenant 28 % d'acide phosphorique, ce qui correspond à 60,67 de phosphate de chaux. La masse générale de la marne contenait 2 à 3 % de cet acide, représentant 4,33 à 6,50 % de phosphate. On comprend qu'en présence d'une telle proportion d'acide phosphorique l'apport d'engrais phosphatés était parfaitement superflu.

Dans dix calcaires du Midi de l'Allemagne, M. Fehling a reconnu également la présence de l'acide phosphorique.

Dans le sol des dunes de Brighton, M. Schweitzer a trouvé un millième de phosphate de chaux.

Il y a quelques années à peine, M. De la Noue, géologue, habitant le département du Nord, annonçait qu'il existe dans les carrières calcaires des environs de Lille, une substance appelée *tun*, dans laquelle il a trouvé, par l'analyse, une quantité considérable d'acide phosphorique, qui varie de 8 à 15 %, ce qui représente 19 à 32,50 de phosphate de chaux. Un échantillon de *tun* blanc, provenant d'une couche non homogène de 2 mètres d'épaisseur, lui a donné 14,93 % d'acide phosphorique, ce qui correspond à 32,34 % de phosphate de chaux. M. De la Noue a recueilli des échantillons de cette roche, qui forme une couche de $0^m,60$ à $1^m,20$ d'épaisseur, s'étendant à plusieurs lieues aux environs de Lille. Que de phénomènes deviennent explicables grâce à ces données, et que la possibilité de certaines cultures souvent renouvelées devient facile à interpréter lorsque de telles richesses sont tout à coup mises en lumière !

Un savant ingénieur des mines, auteur d'intéressantes recherches sur le terrain crétacé du Nord de la France, M. Meugy, a apporté, pour sa part, des faits nombreux à cette statistique.

M. Meugy a constaté, en effet, la présence d'une assez forte proportion d'acide phosphorique dans la marne de Cysoing et dans divers échantillons de marnes et de calcaires marneux hydrauliques provenant des deux carrières de Bouvines, situées à droite et à gauche de la route de Lille à Saint-Amand, dans ceux de Sainghin et dans la craie chloritée d'Annapes, exploitée comme pierre de construction.

« Un simple calcul suffira, dit M. Meugy, pour faire comprendre l'intérêt que le pays peut attacher à la découverte de l'acide phosphorique dans ces calcaires. Le mètre cube de craie pesant 1,250 kilog., une couche de 1 mètre d'épaisseur sur 1 are de surface, pèsera 125,000 kilog. et renfermera, à raison de 3,70 %, 4,625 kilog. d'acide phosphorique. Maintenant, un are de terre

fournit de 25 à 28 litres de blé, pesant 20 kilog., et une quantité
de paille formant à peu près le double du poids de la graine,
soit 40 kilog. Ces quantités, réduites en cendres, laissent environ
1 °/₀ de résidu pour la graine, et 5 °/₀ pour la paille; de sorte
que la cendre de graine de blé, contenant moitié de son poids
d'acide phosphorique, et la paille 4 °/₀, il entrera 0 kilog. 18 de
cet acide dans le produit d'un are. Donc cette surface, en
supposant qu'elle s'étende sur une craie de la nature de celle
dont l'analyse a été rapportée plus haut, renfermerait, sur un
millimètre d'épaisseur seulement, une quantité d'acide phosphorique (4,625) égale à celle qui correspondrait à 25 récoltes de
blé $\left( \dfrac{4,625}{0,18} = 25 \right)$. »

[M. Barral a récemment communiqué à l'Académie des
Sciences (1) des recherches d'où il résulte qu'à Paris l'eau de
pluie fournit $0^{mgr},05$ à $0^{mgr},09$ d'acide phosphorique par litre.
Ces chiffres correspondent à un apport annuel de 400 grammes
environ d'acide phosphorique par hectare. Cette dose est faible,
eu égard aux besoins de la végétation. Il était toutefois fort intéressant de la constater. En représentant par de l'acide phosphorique
le phosphore des eaux de pluie, M. Barral ajoute, avec une haute
raison, qu'il n'entend pas dire que le phosphore existe sous cette
forme dans l'atmosphère. Il existe, en effet, des causes nombreuses auxquelles on peut attribuer la présence du phosphore
dans l'air, et, selon la nature de ces causes, on arrive à admettre
des états bien distincts d'organisation ou de combinaison chimique
de cet élément.]

M. Verdeil s'est livré à une série d'analyses sur les terres
fertiles de Versailles (2).

Cet expérimentateur s'est particulièrement attaché à la recherche
des principes facilement solubles dans l'eau. A cet effet, il a traité
par l'eau pure, et à la température de 50 degrés environ, les

<hr>

(1) Comptes-rendus de l'Académie des Sciences. 19 novembre 1860.
(2) Comptes-rendus de l'Académie des Sciences, T. XXXV, p. 95.

terres de Versailles; la solution des principes solubles a été filtrée, puis évaporée à siccité. L'extrait ainsi obtenu a été réduit en cendres. Le résidu minéral de ces cendres renfermait des quantités de phosphate de chaux exprimées dans le tableau que vous avez sous les yeux.

| DÉSIGNATION DE LA TERRE qui a fourni l'extrait. | PROPORTION de cendres °/₀ de l'extrait. | RICHESSE des cendres en phosphate de chaux exprimée en centièmes. |
|---|---|---|
| Mail......................... | 57.00 | 4.27 |
| Faisanderie. .................... | 29.50 | 2.16 |
| Gazon. ....................... | 65.00 | 2.75 |
| Avenue de la Reine............. | 56.00 | 6.32 |
| Potager........................ | 63.00 | 11.20 |
| Satory. ....................... | 67.00 | 18.50 |
| Argile de Galy................. | 52.00 | 3.83 |
| Calcaire de Galy................ | 53.00 | 9.00 |
| Tourbe. ...................... | 54.00 | 0.92 |
| Sablière...................... | 52.06 | 8.10 |

Je dois vous faire remarquer à cette occasion que l'action de l'eau tiède ne représente que bien imparfaitement les propriétés énergiquement dissolvantes du sol arable. Toujours est-il que les phosphates nous apparaissent déjà comme éléments importants dans tous les sols fertiles.

M. Boussingault rapporte l'exemple d'un sol crayeux, à peu près stérile, sans engrais azoté, et qui, cependant, pour 100 parties sèches, représentait 11 dix millièmes de phosphate de chaux. C'est peu, direz-vous peut-être au premier abord. Cependant, comme un décimètre cube de ce terrain représentait 1 kilog., un hectare, considéré dans une épaisseur de 25 centimètres, offrait à la végétation 2 à 3,000 kilog. de phosphate calcaire. C'est plus qu'il n'en faut pour subvenir aux besoins que je vous ai numériquement spécifiés dans une précédente leçon.

Ai-je besoin, Messieurs, d'insister longuement sur les causes d'infertilité du sol riche en phosphates que cite M. Boussingault, et sur sa fécondité ultérieure en présence des matières azotées ? Non vraiment, car ce fait découle immédiatement des principes que j'ai eu l'occasion de développer devant vous. Vous savez tous, par l'observation de ce qui se passe sous vos yeux, que les matières azotées motivent l'assimilation des phosphates, comme les phosphates motivent l'assimilation des matières azotées. Depuis longtemps, M. Payen a constaté que les plantes renferment d'autant plus de substances minérales et de matières organiques azotées qu'elles sont plus jeunes et douées d'une plus grande énergie vitale ; que, de plus, entre les différents organismes d'une même plante, ceux qui sont plus jeunes ou plus récemment formés sont aussi les plus riches en matières minérales et azotées. Vos idées sont désormais bien fixées sur ce point important de la science agricole.

Deux mots encore, Messieurs, avant de quitter l'examen du sol pour entreprendre celui des végétaux et des animaux qui en condensent les phosphates. Les eaux qui courent à la surface des roches, celles qui baignent les terrains de sédiment renferment de l'acide phosphorique, bien qu'en très minime proportion. J'ai, pour ma part, constaté ce fait sur toutes les eaux de la Loire-Inférieure et de la Gironde. Je ne doute pas qu'il soit constant. Les eaux apportent donc aux végétaux qu'elles arrosent, autre chose que des produits atmosphériques. A ce titre, elles font en quelque sorte partie du sol lui-même, et on calcule, d'après des expériences très positives, que 100 têtes de bétail, par l'absorption des matières minérales dissoutes dans l'eau potable, peuvent apporter annuellement au fumier jusqu'à 7 à 800 kilog. de substances solides, dont l'acide phosphorique fait partie.

Et puisque j'ai parlé de fumier, j'appellerai tout d'abord votre attention sur l'acide phosphorique qu'il renferme. Les analyses de M. Boussingault donnent les chiffres suivants :

100 parties de fumier sec de Bechelbronn contiennent 1 °/₀ d'acide phosphorique.

—       fumier du Jardin des Plantes de Paris.. 1,25       —

—       fumier de Grignon.................. 1,21       —

—       fumier de la Ménagerie de Paris....... 0,78       —

—       fumier moyen.................... 1,45       —

M. Boussingault cite dans son excellent ouvrage d'*Economie rurale*, une période d'assolement quinquennal qui comportait un poids total de 49,086 kilog. de fumier. Ce fumier renfermait 20,70 °/₀ d'eau. Desséché, il fournissait 32 °/₀ de cendres, lesquelles contenaient 30 millièmes d'acide phosphorique. Il en résulte que la fumure des cinq années représentait 3,272 kilog. de cendres, soit 98 kilog. d'acide phosphorique. Cela fait par année $19^k600$ d'acide phosphorique réparti dans $654^k400$ de matière minérale.

Et si nous nous élevons progressivement jusqu'à l'examen des animaux, nous constaterons, Messieurs, que leurs os, leurs muscles, leur substance nerveuse et cérébrale, que les fluides de leur organisme, sang, lait, urine, liqueur séminale, sont toujours et partout pénétrés de phosphore. Intimement associé à des substances organiques, le phosphore abonde dans la masse cérébrale et la substance nerveuse : on peut presque dire qu'il y est *organisé*. Uni à l'oxygène et à la chaux, il forme l'un des éléments importants du squelette. Dissous par les fluides animaux, il est sans cesse porté d'un point à l'autre de l'individu, et alors même que sa dose totale reste fixe pour un animal déterminé, sa molécule néanmoins, déplacée par des actions dissolvantes ou vitales, est excrétée, puis remplacée par une molécule nouvelle qu'apporte le système digestif. Enlever aux aliments l'acide phosphorique et la chaux, essayer de nourrir un animal avec des principes purement azotés, c'est attenter à son existence. L'animal est, sous ce rapport, complètement identique à la plante.

On a suivi pendant vingt-quatre heures l'alimentation d'un jeune veau, en tenant compte des produits consommés et des produits excrétés. Cet animal a fixé dans ce laps de temps, $6^g,500$ d'acide phosphorique et $7^g,800$ de chaux ; soit, $14^g,300$ de ces deux principes nutritifs. Or, cela correspond à 3 °/₀ *du poids vivant développé.*

Une vache saillie, âgée de quatre ans, a été observée pendant quatre jours : elle a reçu, sous forme d'aliments, 200ᵍ,4 d'acide phosphorique ; 136ᵍ,4 du même acide ont été dosés dans ses excréments ; elle avait donc fixé 64 grammes d'acide pendant l'expérience. Chez un animal adulte on constate que, dans les cas ordinaires, il y a égalité entre l'absorption et l'excrétion.

[M. Mège Mouriès a appelé l'attention sur la nécessité d'introduire quelquefois le phosphate de chaux dans l'alimentation des enfants. Ultérieurement, M. Bella a employé ce phosphate dans la ration des vaches, selon le conseil de M. Champonnois, et il a constaté que la sécrétion lactée est devenue plus abondante.]

Quelques chiffres encore, Messieurs, et j'aurai terminé ce tableau général de l'importance du phosphore dans les phénomènes naturels. Lorsqu'on dessèche les excréments, l'urine, le sang, les os de l'homme, et que, dans la matière sèche, on dose l'acide phosphorique, on trouve que cette substance entre :

| | | |
|---|---|---|
| Dans 100 parties d'excrément de l'homme, pour.... | 0,82 |
| — d'urine de l'homme.............. | 3,88 |
| — de sang..................... | 1,63 |
| — d'os...................... | 24,00 |

En présence de ces chiffres, en présence surtout des relations bien faciles à saisir entre les doses d'acide phosphorique que recèlent tout à la fois le sol, les plantes et les animaux, ai-je besoin, Messieurs, de recourir à de nouveaux exemples pour démontrer la haute influence des phosphates en agriculture? Non, évidemment. Permettez-moi toutefois d'emprunter aux belles vues synthétiques de M. Elie de Beaumont, une idée bien remarquable sur le rôle du phosphore comme élément matériel des sociétés humaines.

« On peut estimer peut-être à environ un milliard le nombre des hommes qui, depuis les Celtes jusqu'à nous, sont nés et ont grandi sur le territoire de la France. Tout l'acide phosphorique contenu dans leurs os et dans leurs chairs provenait de notre sol, et soit qu'ils aient émigré, soit qu'ils soient morts en France et qu'ils aient été brûlés ou enterrés, tout cet acide phosphorique a été soustrait aux emplois agricoles (1). Si quelques-uns se sont noyés dans les fleuves leurs cadavres ont été entraînés à la mer. Ceux-là seuls qui ont été dévorés par les loups et autres bêtes sauvages, et le nombre peut en être négligé, ont rendu leur acide phosphorique à la terre végétale comme le font les animaux et les plantes sauvages.

» D'après les pesées que M. Jobert de Lamballe a bien voulu faire exécuter à ma prière, un squelette humain desséché pèse moyennement 4 kilogrammes 600 grammes, et en admettant, d'après l'analyse rapportée au commencement de cette étude, que les ossements humains contiennent 53,04 °/₀ de phosphate de chaux, un squelette doit en renfermer 2 kilog. 440 grammes. Mais un corps humain pèse moyennement environ 75 kilog.; et, déduisant le poids du squelette, il reste environ 70 kilog. de parties molles qui, par l'incinération, donneraient vraisemblablement, comme la chair de bœuf, 1 1/2 °/₀ de cendres presque entièrement composées de phosphates de potasse, de soude, de chaux et de chlorures alcalins. Nous ne serons probablement pas loin de la vérité en supposant que la quantité d'acide phosphorique qu'elles renferment correspond à une quantité de phosphate de chaux égale à 80 °/₀ du poids des cendres, ou à 1 1/2 centièmes du poids des parties molles multiplié par 0,80, soit $70,1 + \frac{1}{2} \; 0,80 = 840$ grammes. Ces 840 grammes ajoutés aux $2^k,440$ contenus dans les os, donnent un total de 3,280 de phosphate de chaux, par conséquent $1^k,439^{gr}$ d'acide phosphorique et 639 grammes de phosphore natif pur, pour les quantités de ces substances qui sont renfermées dans un corps humain.

» Mais il s'agit du corps d'un homme adulte de taille moyenne;

(1) En admettant que la terre où reposaient leurs corps n'ait pas été bouleversée.    A. B.

or , dans le milliard d'individus dont nous avons parlé, la moitié étaient des femmes , généralement plus petites que les hommes , et près de la moitié des individus des deux sexes sont morts avant l'âge adulte , à diverses époques de l'enfance et de l'adolescence. Cette double circonstance exigerait une double réduction à laquelle nous aurons probablement égard d'une manière à peu près exacte, en supposant que chaque corps contenait en moyenne une quantité d'acide phosphorique correspondant à *deux kilogrammes* de phosphate de chaux.

» D'après ces données, le milliard d'individus dont le sol de la France a fourni l'acide phosphorique en a emporté en mourant une quantité correspondant à *deux milliards de kilogrammes*, ou *deux millions de tonnes* de phosphate de chaux. »

» On voit par là, dit M. Elie de Beaumont, qu'il faudrait exploiter de vastes et nombreuses carrières de chaux phosphatée terreuse pour rendre au sol de la France l'acide phosphorique dont le respect des sépultures l'a privé. Cette exploitation pourrait devenir l'objet d'une industrie fort importante , car si la matière qu'elle produirait se vendait comme il paraît que cela a lieu en Angleterre, au taux de 150 à 175 fr. la tonne, ou même seulement 100 fr., en raison de ce que nous la supposons contenir 18 et non 28 pour cent d'acide phosphorique, les 5,167,000 tonnes dont il a été question auraient une valeur de plus de 500 millions de francs ; et si l'on réfléchit à ce que pourrait devenir un jour le besoin du phosphate de chaux lorsque l'épuisement général des terres serait plus sensible et mieux apprécié, on comprendra que la découverte de cette substance dans l'intérieur de la terre serait non-seulement un service rendu aux vivants, mais encore l'accomplissement d'un devoir pieux envers les cendres des morts. »

» Si l'on ajoute que, suivant toute apparence, le phosphate de chaux renfermé dans les sépulcres n'est qu'une fraction peu considérable de la quantité que le sol de la France en a perdu par les causes que nous avons indiquées, on verra que pour pouvoir lui rendre la vigueur végétative qu'il possédait au temps des Celtes et des Gaulois, il faudrait que l'exploitation des couches qui contiennent du phosphate de chaux devînt une branche importante de l'industrie minérale. »

J'ai tenu, Messieurs, à vous citer textuellement ces paroles et les chiffres curieux auxquels elles empruntent une grande autorité. Elles établissent une fois de plus, d'ailleurs, que les diverses branches des connaissances humaines ne sauraient s'isoler, et que, pour éclairer les faces multiples des grands problèmes sociaux, la lumière des sciences n'est jamais inutile.

# TROISIÈME LEÇON.

Le progrès moderne des cultures en Bretagne a été proportionnel à l'emploi du noir d'os. — Difficulté de déterminer la valeur réelle des engrais. — Possibilité de faibles doses d'engrais et de bonnes récoltes. — Les traditions commerciales sont des enseignements. — Cultivateurs du Morbihan et cultivateurs de la Vendée. — Différences d'action du même engrais selon les sols. — Les prix des noirs d'os ne sont pas exactement déterminés par leur composition chimique. — L'agriculture n'est pas une science. — Emploi des chiffres approximatifs. — Engrais dérivés des os. — Les engrais industriels sont le plus souvent des engrais naturels au premier chef.


MESSIEURS,

L'acide phosphorique est l'un des produits constants des récoltes. Les végétaux, par des procédés aussi mystérieux que sûrs, empruntent ce principe à la terre et aux liquides qui la baignent: tels sont les points que j'ai établis et sur lesquels je n'ai plus désormais à revenir. Du domaine de la théorie générale, il nous faut désormais passer sur celui des faits industriels.

Parmi ces faits, il en est qui doivent vous intéresser d'une manière spéciale. Les terrains argilo-schisteux que vous cultivez demandent en effet des amendements ou des engrais dont l'expérience vous a appris à caractériser les propriétés. Aussi bien que moi, vous savez la supériorité relative des engrais artificiels à base de principes osseux dans la culture, en Bretagne, du froment et du sarrasin. Lorsqu'il s'agit de défrichement de landes, vous voyez chaque jour le progrès être en quelque sorte proportionnel à l'approvisionnement des cultivateurs, en noir animal ou en substances analogues. C'est déjà une grande leçon ; elle me rendra plus facile la tâche que je me suis imposée.

En agriculture, le phosphate de chaux — car c'est surtout sous cette forme que l'acide phosphorique est offert au sol, — le phosphate de chaux, dis-je, est associé dans les engrais à des substances qui diffèrent, par la texture physique ou la composition chimique. Il est lui-même plus ou moins divisé, plus ou moins assimilable, et on peut dire avec raison que dans dix variétés d'engrais industriels ayant une composition chimique identique le phosphate de chaux peut être représenté par dix prix différents.

Mais je vais plus loin encore et j'ajoute : si l'on veut établir une échelle de prix rigoureusement exacte des engrais en raison de l'acide phosphorique qu'ils renferment, on arrive bientôt à reconnaître qu'un nouvel élément du problème intervient : c'est celui du sol, de sa composition, de sa consistance; de telle sorte que l'engrais qui vaudra 20 fr. ici, n'en vaudra que 15 un peu plus loin. (1)

Je vais essayer de démontrer ces propositions.

S'il s'agissait purement et simplement de confier à la terre la somme de phosphates nécessaires à la culture d'un végétal déterminé, la question serait simple ; mais vous savez maintenant, Messieurs, que l'acide phosphorique est plus ou moins assimilable, selon sa division physique, son état de combinaison avec les bases et son association à des matières organiques. Vous savez que si dans un hectare de terre maigre et dépourvue de principes hydrocarbonés, on fume à l'aide de trois hectolitres seulement de phosphate de chaux imprégné de sang, chair musculaire, ou toute autre matière azotée facilement décomposable, on obtiendra une récolte beaucoup plus abondante que si l'on avait introduit dans le même sol six hectolitres de cendres d'os très riches d'ailleurs en acide phosphorique, mais dont les conditions de solubilité seraient insuffisantes.

(1) A vrai dire, cette dernière loi est exclusivement subordonnée au cas d'un domaine déterminé et n'implique pas de conséquence d'ordre général applicable au commerce des engrais.

Il y a plus, des différences presque insignifiantes dans la texture du phosphate ou dans celle des matières organiques qui lui sont associées, produisent des phénomènes analogues. Or, il importe à l'agriculteur de laisser le moins possible dans le sol le capital engrais qu'il lui a confié. Obtenir est quelque chose pour lui, obtenir vite est le principal. Vous voyez que cela nous conduit déjà à reconnaître que 900 kilog. de phosphate convenablement préparés peuvent valoir en réalité beaucoup plus que 1,000 kilog. de phosphate lentement assimilable.

Entendons-nous bien, toutefois. — Je pose le principe, je le déclare presque évident ; — mais je n'oserais pas dire qu'il soit en notre pouvoir d'en tirer en pratique tout le parti que notre imagination nous fait entrevoir *à priori*, et de faire de l'agriculture comme on fait de l'arithmétique.

[Pour qu'il fût possible de connaître le prix *réel* d'un engrais, il faudrait pouvoir soumettre au calcul par des expériences de laboratoire, la solubilité, la faculté de transformation chimique propre à tel ou tel engrais : or, les moyens de laboratoire étant sous ce rapport très insuffisants, il faut renoncer au *calcul* pour s'en tenir aux *approximations* et aux vraisemblances. Ce que j'ajouterai, c'est que les progrès de la chimie, en éclairant les modifications subies dans la terre par les engrais, rendent chaque jour ces approximations plus satisfaisantes.]

J'arrive à l'influence du sol.

Chaque jour, à Nantes, on assiste à des enseignements dont il ne s'agit que de recueillir avec soin les utiles préceptes. Ces enseignements vous sont offerts, Messieurs, sur les marchés, dans les mercuriales, dans les agissements mêmes de la fraude, toujours habile à cacher ses manœuvres sous le pavillon des bonnes causes.

Les cultivateurs des terrains de la basse Bretagne, ceux qui défrichent des landes pourvues de substance végétale à réaction acide, recherchent d'une manière spéciale les produits osseux riches en acide phosphorique. Pour eux, la solubilité du phosphate, sa texture plus ou moins fine, la dose de matière organique azotée, tout cela les inquiète peu. Ils ont depuis longtemps fait l'expérience de la propriété énergiquement dissolvante de leur sol. Ils achètent du phosphate, et le phosphate grossier ou tenu, azoté ou non, leur donne généralement ce qu'ils lui avaient demandé. Ils en profitent, c'est au mieux; quelques-uns veulent ériger en loi générale le fait qui s'est passé sous leurs yeux. C'est un tort.

Vous préconisez l'influence exclusive de la dose du phosphate de chaux, peut leur répondre avec une haute raison le cultivateur des vieilles terres ou celui des départements avoisinant les calcaires : fort de mes expériences, je conteste, moi, vos théories. Plus j'avance vers les calcaires, et plus je reconnais l'inefficacité du phosphate non associé aux principes animaux. A vingt lieues, à trente lieues de mon domaine, j'entrevois même de magnifiques récoltes où l'abondance du grain le dispute à celle de la paille, et dont cependant les poudrettes et les fumiers font seuls les frais. J'ai essayé, peut-il ajouter, les noirs d'os résidus de gélatine dépourvus de matières organiques et presque exclusivement formés de phosphate calcaire; j'ai tenté l'emploi des noirs de Russie, qui leur ressemblent beaucoup : je n'ai eu que des insuccès.

[Ce que je ne saurais omettre de mentionner, c'est que la réussite complète des phosphates peut se manifester pendant une longue série d'années sur un terrain spécial, tandis que, sur un sol de nature différente, le succès tout d'abord obtenu cessera de se produire au bout de deux ou trois ans. J'ai essayé de caractériser cette différence d'action dans le rapport dont j'ai eu l'honneur d'être chargé à l'exposition Nationale d'agriculture de 1860. Je reproduis les lignes qui s'y rapportent. « Etant donné un sol dépourvu de calcaire, couvert de bruyères et offrant une réaction acide, on sait les brillants résultats qu'on peut obtenir en le défrichant à l'aide d'un bon labour et de 5 hectolitres de noir animal à l'hectare. Ce qu'il ne faut pas oublier toutefois, c'est qu'au bout de quelques années, les faits observés sont bien distincts, selon que la culture aura eu lieu dans un terrain primitif ou de *transition,* ou bien dans un terrain *tertiaire.* S'agit-il de la zone primitive ou de transition que nous offre la Bretagne, presque toute la Vendée, le Limousin, l'Auvergne ? l'action des phosphates y sera durable à ce point que, dans la Loire-Inférieure et le Morbihan, certains domaines reçoivent depuis plus de vingt ans du noir animal, qui continue à produire d'excellents résultats. Opère-t-on au contraire sur des terrains *tertiaires moyens* comme ceux de la Sologne, et l'on reconnaît au bout de quelques années la nécessité de revenir aux errements habituels de la culture ; errements, il faut le reconnaître, dont l'exécution eût été économiquement impossible au début et dans certaines landes éloignées des vieilles terres ou voisines d'exploitations peu prospères.

Toutes choses égales d'ailleurs, on a reconnu également que si des sols riches en humus ont pour le noir animal une faculté dissolvante des plus énergiques, cette faculté devient faible dans un terrain où la matière organique fait défaut. De là, la nécessité bien comprise de modifier progressivement la composition de l'engrais : aussi d'un noir à 70 °/₀ de phosphate, ne renfermant quelquefois que 8 à 10 °/₀ de carbone, on arrive bientôt à une substance contenant 20 à 25 °/₀ de charbon et matière organique azotée, 60 °/₀ de phosphate, etc. »

« Dans le premier cas, le noir d'os, même vierge, le noir de Russie, les phosphates des fabriques de gélatine, les phosphates fossiles, les guanos dépourvus d'azote, sont indiqués. Dans le second, les résidus de la clarification du sucre, les mélanges de noir vierge avec des substances animales diverses, les phosphates animalisés, en un mot, ont une action beaucoup plus certaine. Les engrais mixtes réalisent cette action avec plus ou moins de bonheur, selon les doses relatives de l'acide phosphorique et de l'azote, rapportées d'ailleurs à la nature du sol et à l'ancienneté de son défrichement. En tout état de cause, on constate d'une manière constante l'incompatibilité des phosphates, avec les amendements calcaires, ces derniers saturant les combinaisons humiques, s'opposant aux transformations du phosphate de chaux par les sels solubles de potasse, et enlevant en résumé au terrain l'aptitude dissolvante si favorable à la migration de la molécule de phosphore. » ]

Tels sont, Messieurs, les faits également vrais, également explicables qui se passent dans des terrains distincts, — ceux, je suppose, du Morbihan et de la Vendée. Or, s'il est exact de dire que l'étude attentive du sol doit précéder l'achat de l'engrais et guider dans son choix, on ne peut nier qu'en présence d'éléments si variables le prix des 100 kilogrammes de phosphate de chaux ne doive être apprécié qu'en tenant compte des circonstances particulières où la dépense sera faite.

Je pourrais ajouter — et ici je me place sur le terrain du commerce des engrais — que les prix des noirs d'os ne sont jamais proportionnels, soit à la quantité de phosphate, soit à la quantité d'azote qu'ils renferment, et que les anomalies apparentes constatées à cet égard résument, en réalité, bien des conditions fort sérieuses de solubilité, de finesse, de rapport entre les éléments inorganiques ou organiques, etc., etc. La pratique et la science sont parfaitement d'accord sur ce point comme sur tant d'autres ; toutefois, j'insiste, Messieurs, sur cette pensée, au moment d'aborder l'examen industriel des phosphates de chaux. J'ai cru devoir vous montrer à quelles erreurs on peut s'exposer lorsqu'on dresse des tableaux exprimant par des chiffres précis la valeur de l'acide phosphorique et de l'azote dans les différents engrais connus. Je suis loin de contester l'utilité de ces tableaux, si l'on m'accorde qu'ils représentent des *à peu près*. Je les repousse de toutes mes forces, s'ils me sont offerts comme base rigoureuse et posée *à priori* pour une opération agronomique. Et s'il en était autrement, Messieurs, si l'agriculture, en un mot, était une *science* exacte, il y aurait beaucoup moins de mérite à y réussir. C'est parce que c'est un *art* dans toute l'acception du mot, c'est parce qu'il faut un faisceau de connaissances spéciales et une raison droite pour l'exercer, que l'agriculture est réellement aujourd'hui, comme au temps de Cicéron, la plus noble, la plus élevée des professions.

[Soit que, dans la première édition de ces leçons, je n'aie pas suffisamment insisté sur le développement de cette pensée, soit que son expression ait été mal interprétée, j'ai dû répondre à des objections qu'elle a soulevées de la part de M. Rohart, agronome bien connu par ses efforts pour la moralisation du commerce des substances fertilisantes. Les objections de mon honorable contradicteur peuvent être résumées dans les lignes suivantes :

« Il me semble qu'il n'existe pas au monde une seule matière première ni un seul produit ouvré qui, soit à l'achat, soit à la vente, ne se réduise à une affaire purement mathématique ; car, enfin, on n'achète jamais que des utilités, desquelles chacun de nous a le plus grand intérêt à connaître la valeur réelle, c'est-à-dire la somme d'unités de valeur qu'elles représentent, et qui peut *seule* nous permettre de déterminer assez exactement le prix de ces utilités.

» Ici, il n'y a pas à s'y méprendre, l'engrais est bien réellement une matière première pour l'agriculteur, et c'est réellement en vue d'une opération industrielle qu'il achète.

» L'or et l'argent peuvent être plus ou moins affinés, plus ou moins purs, mais on ne peut prétendre qu'il soit impossible, pour cela, de déterminer leur valeur, et la preuve, c'est qu'on la détermine très exactement au moyen d'un type, c'est-à-dire en les évaluant d'après la quantité de métal pur qu'ils renferment.

» N'en est-il pas de même encore à l'égard de chacun des minerais qui sert à produire ces métaux? La question est tout aussi complexe pour les minerais de l'industrie que pour les phosphates de l'agriculture. En effet, si le phosphate de chaux est plus ou moins divisé, plus ou moins assimilable, les minerais sont plus ou moins faciles à traiter et font des déchets plus ou moins considérables ; mais cela n'empêche jamais de les évaluer d'après leur utilité réelle, en rapportant leur richesse initiale à celle d'un étalon, d'un type dont on connaît exactement la valeur commerciale.

» Pourquoi, dès-lors, ne pas faire pour les matières premières de l'agriculture ce que l'on fait partout, et avec tant de raison, pour toutes les matières premières de l'industrie? »

J'ai essayé, dans ma réponse à cette lettre, d'établir en principe que le prix payé par l'agriculteur doit être en rapport, non avec une composition chimique appréciée en dehors de toute autre considération, mais bien avec cette composition rapportée à la faculté d'assimilation de l'engrais. Voici quelques fragments de ma réponse :

« Nul doute que l'empirisme doive être évité lorsqu'il s'agit d'étudier les grandes et belles questions qui touchent de si près à la prospérité d'un pays ; nul doute que la fraude et le charlatanisme doivent sans cesse rencontrer comme obstacle à leurs agissements les féconds enseignements de l'analyse chimique ; mais ce dont il faut également convenir, c'est que la science ne saurait conquérir et conserver toute sa légitime autorité qu'à la condition de rester sur son domaine naturel. Quelles sont les limites de ce domaine? Je vais essayer de le dire.

« La science agricole, » a dit avec une haute raison M. Boussin-
» gault, repose *sur l'observation des faits recueillis dans la pratique ;*
» elle les enregistre, les discute ; cherche à les expliquer, à les
» prévoir. » Ces paroles sont aussi vraies qu'elles sont nettes. Si nous nous pénétrons de l'esprit qui les dicte, nous enregistrons un ensemble de faits qui nous prouve, de la manière la plus catégorique, la variété de valeur réelle de l'azote ou du phosphore, selon l'état où les engrais nous les offrent. Je m'explique.

» Ce n'est pas seulement par la *quantité* de ses éléments constitutifs que le fumier de ferme est le meilleur engrais connu, c'est aussi en raison de l'état d'heureuse association physique et chimique où ces éléments s'y trouvent.

» Tout le monde sait qu'un sol *normal* étant donné, l'importance des bonnes méthodes générales de culture dépasse de beaucoup les procédés les plus parfaits de fabrication d'engrais industriels, et cela en raison des moyens que la nature emploie pour associer, pondérer et présenter enfin au sol les détritus de l'organisation.

» Les notions les plus élémentaires de la physiologie nous démontrent que la question d'engrais, envisagée soit au point de vue de la production végétale, soit à celui de la production animale, ne consiste pas seulement à fournir à la plante ou aux bestiaux de l'azote, du phosphore, etc., mais, autant que possible, ces principes associés à l'hydrogène, au carbone, à l'oxygène, aux alcalis, et, en un mot, à approcher, autant que faire se peut, des méthodes admirables que nous offre la Providence, lorsque les détritus de la végétation ou de la vie retournent dans le torrent d'une végétation ou d'une vie nouvelle.

» L'analyse qui méconnaît ces grandes et belles lois providentielles, et qui ne distingue pas, *en principe*, l'azote de la substance organisée, de l'azote d'une combinaison ammoniacale; le chimiste qui, *dans l'application*, se préoccupe *exclusivement* de la richesse en acide phosphorique ou de la richesse en azote, celui-là ne fait ni de la science, ni de la logique, mais de l'empirisme bien propre à compromettre la science auprès des masses dont il offense le gros bon sens.

» La mauvaise plaisanterie de l'alimentation à la gélatine était basée sur l'interprétation vicieuse de l'analyse chimique. Que cet exemple ne soit pas perdu lorsqu'il s'agit de nourrir les végétaux.

» L'analyse ne décide pas, » dit M. Boussingault (*Économie rurale*, tome II, p. 88), « *si la totalité de l'azote d'un engrais » appartient à une matière susceptible de passer par la putréfaction » à l'état ammoniacal. L'azote dosé pourrait, à la rigueur, faire » partie d'une substance inerte, comme la houille, la tourbe, etc.* » La science a donc à rechercher une méthode propre à révéler » la nature plus ou moins modifiable des substances azotées. »

» Cela ne revient-il pas à dire qu'il est impossible, aujourd'hui, d'exprimer par des chiffres, et rien que par des chiffres résultant d'une analyse chimique élémentaire, la valeur *absolue* d'un engrais? J'avoue que, pour ma part, cela me semble évident.

» Ainsi, étant donnée cette précieuse notion analytique, qu'une gerbe de blé pesant 100 kilog. et renfermant 32 kilog. de grain et 68 kilog. de paille, contient en réalité 1,000 grammes d'azote appartenant à la matière organique et 416 grammes d'acide phosphorique appartenant aux phosphates, il n'en résulte pas que, pour obtenir *en une saison,* dans un sol stérile, ces 100 kilog. de froment, il soit uniquement nécessaire de chercher dans un tableau analytique la proportion apparemment nécessaire d'un engrais quelconque, à la seule condition qu'il renferme 416 grammes d'acide phosphorique et 1,000 grammes d'azote. Agir ainsi serait faire fausse voie, car il se pourrait fort bien que la texture physique de la matière choisie fût un obstacle à l'assimilation *en une saison* de l'acide phosphorique ou de tel autre principe utile ; or, la valeur commerciale d'un phosphate qui ne donnerait son effet utile qu'en deux, trois ou quatre années, serait quelque peu différente de celle d'une quantité égale de phosphate dont l'état moléculaire favoriserait la prompte absorption par l'organisme végétal. Je n'ai jamais exprimé une autre pensée, ou, si je l'ai fait, je me suis donc bien mal exprimé.

» Et voyez comme les faits sont d'accord avec cette prudente réserve de la science chimique bien comprise et bien appliquée. S'agit-il de l'acide phosphorique? Vous lui trouvez dix prix différents dans dix types de produits osseux, selon que vous considérez cet acide dans la cendre d'os, le noir de Russie, les poussières de revivification, les résidus carbonisés des fabriques de gélatine. — Vous voyez que je ne compare que des matières comparables, et dans lesquelles la présence de la matière azotée ne vient pas compliquer le problème. — D'où viennent ces différences de prix? De plusieurs causes, à vrai dire, mais surtout de l'état physique, de l'aptitude variable à l'assimilation. Ici donc, ce n'est pas l'analyse *seule* qui a déterminé des prix, sanctionnés d'ailleurs d'une manière générale par la consommation et le commerce local.

» Parlerons-nous de l'azote ? Vous savez que l'azote contenu dans un sel ammoniacal, un azotate alcalin, un combustible fossile, une substance organisée, etc., *n'est pas, au point de vue de la valeur agricole, une seule et même chose.*

» Vous mentionnerai-je de l'azote des os ou des cornes? D'où vient qu'il a moins de valeur que l'azote du sang sec ou de la chair

musculaire sèche? La réponse est bien simple. Torréfiez légèrement l'os préalablement dégraissé, ou la corne, — ainsi que cela
se pratique depuis quelque temps à Nantes avec succès, — vous
aurez modifié l'organisation physique, détruit l'obstacle qui s'oppo-
sait à la solubilité ou aux transformations chimiques dans le sol,
et cet azote, que l'organisme retenait avec énergie, va désormais
se convertir si promptement en ammoniaque, que sa valeur
agricole et commerciale aura soudain changé dans une considérable proportion.

» Mais j'oublie peut-être l'exiguité du cadre dans lequel doit
se renfermer ma réponse ; les exemples se présentent, toutefois,
si nombreux pour étayer cette thèse de l'appréciation des engrais
par les données réunies de *l'analyse élémentaire, de l'observation
du groupement des principes reconnus à l'analyse,* et enfin de la
*texture physique,* que, vraiment, je regrette de ne pouvoir con-
sacrer à leur examen plus de place et plus d'efforts. Je pourrais
aller fort loin sur le terrain où vos objections m'ont entraîné, et
vous démontrer que, faisant même abstraction du point de vue
agricole pour me confiner dans le domaine de la chimie pure,
nous sommes obligés, nous qui vivons dans le laboratoire, de
reconnaître à tout instant la haute influence de la constitution
physique des corps sur les affinités de la matière. *A fortiori*
devons-nous être pénétrés de cette vérité, lorsque nous nous
trouvons en présence de la végétation. Ici surtout, les errements
d'un grossier matérialisme, s'étayant purement et simplement de
l'analyse élémentaire, ne sauraient conduire à la vérité.

» Et qu'on ne vienne pas me citer maintenant, comme en
opposition avec cette manière de voir, les tableaux fort utiles de
la richesse relative des engrais en azote et en acide phosphorique,
publiés par M. Boussingault, dans son excellent ouvrage d'économie rurale. Plus que personne, j'en suis convaincu, cet esprit
éminent a vingt fois déploré l'inintelligence, l'abus et les vicieuses
applications que tel ou tel faisait de sa pensée. M. Boussingault
a-t-il jamais dit : « Voici un chiffre exprimant une richesse en
azote, et le chiffre connu, vous n'avez plus qu'une pesée à faire

d'un engrais déterminé pour obtenir une récolte abondante; et cela sera vrai, toujours vrai, quels que soient d'ailleurs l'état, le groupement, la manière d'être de l'azote. » Jamais ce savant chimiste ne s'est exprimé ainsi. Il a, comme il l'exprime avec sa lucidité et sa proverbiale honnêteté scientifique, collectionné des analyses, parce qu'elles faisaient défaut à la science, et il a laissé au bon sens, à l'esprit d'observation, à la technologie agricole, enfin, la tâche d'utiliser avec circonspection les chiffres du laboratoire. Voilà, en ce qui me concerne, comment j'ai toujours compris les enseignements d'un maître dont les ouvrages ont été marqués au coin d'une rare sagacité pratique, parce qu'ils ont été écrits, — selon ses propres expressions, — auprès d'un tas de fumier.

» Mais il faut conclure. Aussi bien, j'ai hâte de déclarer que l'esprit de dol et de charlatanisme ne saurait voir dans ces déclarations un encouragement à ses manœuvres. Parce que l'*analyse élémentaire* ne *dit pas tout*, en résulte-t-il qu'elle soit impuissante et inutile? Je ne pense pas qu'on ait jamais pu m'attribuer une telle manière de voir. Lorsque l'Académie de Bordeaux demandait, en 1853, dans quelles limites l'analyse chimique pouvait donner la mesure de l'action d'un engrais, je développais, dans un mémoire qu'elle daignait couronner, « *que cette analyse est, dans* » *l'état actuel de nos connaissances, le guide le plus certain auquel* » *l'agriculteur puisse avoir recours, à la condition, toutefois, de* » *tenir compte des circonstances physiques dans lesquelles ce guide* » *est utilisé.* » (*Considérations théoriques et pratiques sur l'action des engrais.*)

» Lorsque, sur ma proposition, l'Administration préfectorale de la Loire-Inférieure adoptait, en 1850, la méthode propagée aujourd'hui dans un grand nombre de départements, et qui consiste à prescrire la vente des engrais industriels sous garantie *d'écriteaux indicateurs de la composition chimique*, une circulaire explicative de l'arrêté du Préfet s'exprimait ainsi: « Au moyen » de ces renseignements — les chiffres analytiques, — tout culti- » vateur pourra se rendre compte, *au moins approximativement*,

» de la valeur d'un engrais. Je dis approximativement, car la » propriété fertilisante des engrais n'est pas toujours en rapport » avec les chiffres donnés par l'analyse chimique. » Je ne sache pas que cette idée logique et basée sur l'observation des faits ait trouvé de contradicteurs.

» Je me résume. L'analyse, alors surtout qu'elle est faite au point de vue *élémentaire*, ne dit pas tout ce que le cultivateur est intéressé à savoir ; je crois, avec de forts bons esprits, que la chimie organique aurait beaucoup à gagner à rentrer un peu dans la voie de cette analyse *immédiate* trop délaissée aujourd'hui, et qui recherche, non seulement l'existence du principe simple , azote ou phosphore, mais encore l'état d'association sous lequel ce principe existe. Pour traduire cette idée d'une manière toute pratique et toute agricole, je dirai : L'analyse élémentaire donne des approximations lorsqu'elle est effectuée sur des engrais d'origines diverses ; ces approximations se rapprochent beaucoup de l'exactitude rigoureuse, lorsque les origines des engrais comparés sont les mêmes. Il est évident, par exemple, que le dosage en azote de produits animaux, tels que chairs, sang, issues, tourteaux d'abattoirs, sera un guide sûr pour le consommateur. Il sera impossible à un cultivateur intelligent d'employer des poudrettes ou des matières fécales sans les comparer à l'aide du dosage d'azote. Un défrichement qui s'opèrerait en Bretagne , sans que le cultivateur connût la richesse en acide phosphorique du noir d'os qu'il emploie, serait une imprudente opération. Un consommateur de guanos qui négligerait de faire comparer ses divers types au moyen du dosage de l'acide phosphorique , de l'azote et des alcalis, courrait grand risque de dépenser inutilement des sommes importantes.

» Achète-t-on des nodules de phosphate appartenant à divers gisements, on ne peut les comparer que par la connaissance de leurs richesses relatives en acide phosphorique, etc. , etc. ; mais il n'en résulte pas que l'état physique, c'est-à-dire la porosité, la densité, le groupement moléculaire enfin , doivent être négligés; il n'en résulte pas, surtout , que 100 kilog. d'azote sous forme de chlorhydrate d'ammoniaque soient l'équivalent agricole de 100 kilog. d'azote sous forme de chair musculaire, ou encore que 100 kilog. de phosphate de chaux des os soient l'équivalent agricole de 100 kilog. de phosphate de chaux de l'apatite d'Espagne ou de Norwége.

Voilà, disais-je en terminant ma lettre, ce que j'ai eu l'intention de bien faire comprendre aux auditeurs de mon cours, lorsque j'ai parlé de l'analyse chimique et de sa portée. Je me suis exprimé avec d'autant plus d'assurance à ce sujet, que je puis revendiquer, — peut-être sans orgueil illégitime, — une large part dans cette vulgarisation des chiffres analytiques qui, depuis dix ans, éclaire le commerce des engrais industriels. Si vous avez pu vous méprendre sur l'esprit de la proposition que j'ai formulée, je suis persuadé que les développements que je lui ai donnés, sur votre demande, vous paraîtront en accord avec la saine logique et les traditions séculaires de la pratique. »

Dans sa réponse à la lettre, dont je viens de citer les principaux passages, M. Rohart admet les principaux faits qui y sont développés. Voici ses expressions :

« Oui, il est très vrai que dix variétés d'engrais, donnant à l'analyse une richesse égale, peuvent être représentées par dix prix différents.

» Non, les chiffres indiqués par l'analyse d'un engrais ne doivent pas servir de base *rigoureuse* à l'égard de la comptabilité agricole, c'est-à-dire sans tenir compte de l'état physique de l'engrais analysé.

» Non, on ne saurait considérer cela comme une négation absolue de l'utilité des analyses chimiques.

» Non, on ne saurait méconnaître la variété de valeur réelle de l'azote ou du phosphore selon les états où les engrais nous les offrent.

» Non, ce n'est pas seulement la quantité des éléments qu'il faut évaluer, mais aussi le groupement, l'état moléculaire, l'heureuse association physique et chimique où ces précieux éléments se trouvent dans les engrais.

» Oui, le chimiste qui, dans l'application, se préoccupe exclusivement de l'azote et de l'acide phosphorique , et qui fait abstraction de tout le reste, ne fait que de l'empirisme grossier, très grossier, et « la plaisanterie de l'alimentation à la gélatine le prouve surabondamment. »

» Non, il ne suffirait pas *uniquement* de fournir à un sol stérile 1 kilog. d'azote et 416 gram. d'acide phosphorique pour obtenir 32 kilog. de froment et 68 kilog. de paille.

» Oui, la valeur agricole d'un phosphate qui ne deviendrait soluble, au sein de la couche arable, qu'en trois ou quatre ans, est de beaucoup inférieure à celle d'une égale quantité de phosphate pouvant être assimilée par une seule récolte.

» Oui, par conséquent, l'acide phosphorique peut offrir dix prix différents dans dix types de produits osseux, c'est-à-dire selon l'état de solubilité de l'acide phosphorique.

» Non, l'azote d'un sel ammoniacal, ou d'un azotate alcalin, ou d'une substance organisée, ou d'un combustible fossile, ne saurait être une seule et même chose au point de vue de la valeur agricole.

» Oui, l'azote des os, de la corne et de la laine, peut avoir moins de valeur que l'azote de la chair ou du sang, et il peut suffire d'un simple changement d'état dans les os, la corne ou la laine, en un mot, de vaincre la force d'inertie qui rend leur azote difficilement assimilable, pour élever cet azote à la même valeur que celle de l'azote du sang et de la chair.

» Non, par conséquent, on ne pourrait nier la haute influence de la constitution physique des corps sur les affinités de la matière engrais en présence de la végétation.

» Non, la richesse d'un engrais étant connue, il ne suffit pas de faire une pesée pour obtenir une récolte abondante, parce que l'analyse élémentaire ne dit pas tout ce que le cultivateur est intéressé à savoir, parce qu'enfin la propriété fertilisante des engrais n'est pas toujours en rapport avec les chiffres que donne l'analyse chimique, qui, dans l'état actuel de nos connaissances, est encore le guide le plus certain auquel l'agriculteur puisse avoir recours.

» Oui , l'analyse peut seule permettre de comparer entre elles les richesses respectives des divers gisements de phosphates naturels, sans que la porosité, la densité, l'état moléculaire, enfin, doive être négligé , car il est bien certain que 100 kilog. de phosphate de chaux de l'apatite d'Espagne ou de Norwége ne sont pas l'équivalent agricole de 100 kilog. du même phosphate provenant des os. »

Ce que M. Rohart n'admet pas , c'est que le prix de l'engrais puisse varier selon le sol. Mon honorable contradicteur a raison, s'il se place au point de vue général du commerce des substances fertilisantes ; mais, en émettant cette proposition , il est bien évident que je n'ai entendu me placer qu'au point de vue tout personnel du cultivateur. Le cultivateur est quelquefois dans la situation du coq de la fable : le grain de mil peut avoir pour lui plus de valeur que la perle. Sur ce point , divergence signifie malentendu.]

C'est donc comme *à peu près* que nous pouvons établir le prix du phosphate de chaux des os dans l'un des types de noirs d'os les plus riches en phosphore ; — je veux parler des noirs de Russie.

Supposons qu'un hectolitre de noir de Russie sec pèse 95 kilog., renferme 80 °/₀ de phosphate de chaux, et coûte 13 fr. Comme les 80 centièmes de phosphate appliqués au poids de l'hectolitre se réduisent à 76 kilog. de phosphate réel pour l'acheteur, si 76 kilog. coûtent 13 fr. , 1 kilog. de phosphate pur revient donc à 0 fr. 17.

Autre exemple : Un noir fin, et provenant de la carbonisation des os dont on a extrait la gélatine, pèse 85 kilog., représente 82 centièmes de phosphate, et coûte 17 fr. l'hectolitre. L'hectolitre contient en réalité 69ᵏ,70 de phosphate, et celui-ci revient à 0 fr. 24 le kilog.

[Voici un résidu de la clarification du sucre vendu 16 fr. l'hectolitre. Cet hectolitre pèse 92 kilog. et contient 35 °/₀ d'eau. En réalité , les 92 kilog. n'en représentent que 60 de matière utile. Si l'analyse constate 62 °/₀ de phosphate de chaux dans cette matière utile , l'hectolitre ne représentera donc que 37 kilog. 220 grammes de phosphate de chaux. Or, 37 kilog. 220 grammes étant vendus 16 fr. , 100 kilog. sont livrés au prix de 42 fr. Ce prix de 42 c. pour le kilog. de phosphate est beaucoup plus fréquent en pratique commerciale qu'on ne le supposerait tout d'abord.

Poursuivons. — Un mélange de tourbe et de noir animal est déclaré par un écriteau *ad hoc* contenir 43 °/₀ de phosphate de chaux. Le prix de vente est de 8 fr. l'hectolitre. Un agriculteur intelligent fera, avant d'acheter , le calcul suivant :

Que pèse l'hectolitre ? 70 kilog. Combien la matière livrée renferme-t-elle d'eau ? 40 °/₀. Raisonnons sur ces bases.

La matière réelle ne représente tout d'abord que 42 kilog. Ces 42 kilog. ne contiennent que 18 kilog. de phosphate réel. Or , 18 kilog. étant livrés pour 8 fr. , les 100 kilog. de phosphate sont vendus à raison de 44 fr. Voilà à quoi se réduit l'apparent bon marché de cet engrais à 8 fr. l'hectolitre.]

En continuant cet examen, nous trouverions bientôt certains mélanges de noirs d'os dans lesquels le kilogramme de phosphate de chaux s'élèverait à des prix fabuleux. On peut en tirer deux conséquences :

La première, c'est que la donnée analytique appelle une sage interprétation de ses résultats.

La seconde, c'est que si le prix du phosphate peut être quelquefois légitimement élevé en raison des conditions de texture ou d'association dans lesquelles il est offert, le commerce le porte souvent à un taux préjudiciable, et contre lequel la science doit protester.

Et maintenant, nous pouvons conclure :

Pour chaque engrais , pour chaque compost, le phosphate et l'azote ont des prix spécialement déterminés par un ensemble de circonstances physiques et chimiques qu'il est souvent difficile de caractériser numériquement.

Les chiffres, exprimant la valeur commerciale de l'acide phosphorique ou le prix de l'azote dans les engrais , donnent des approximations utilisables *dans une certaine mesure*, c'est-à-dire pour comparer des mélanges dont l'analogie est très grande au double point de vue de la composition chimique et de l'origine.

Ces chiffres deviennent fort inexacts si leur application par l'agronome n'implique pas la donnée très sérieuse de l'état physique.

Voilà, Messieurs, la vérité vraie, présentée avec tout son absolutisme. Il faut bien la dire, comme réponse à des prétentions qui auraient pour but de faire de l'appréciation des engrais une affaire purement mathématique ; mais, fort heureusement, la pratique ne demande pas de grands efforts de l'esprit, et pour peu qu'on ait présentes à la pensée les lois générales qui dominent l'action connexe des matières organiques et de l'acide phosphorique, pourvu surtout qu'on ait égard aux impérieuses nécessités des alternances de culture, on peut prétendre à de beaux résultats dans l'actualité, et à de notables améliorations foncières en vue de l'avenir.

Les os broyés, carbonisés, incinérés, acidifiés, associés à des substances diverses, constituent l'une des sources les plus importantes du phosphate de chaux consommé jusqu'à ce jour par l'agriculture. Dans les terres argilo-schisteuses, les engrais dérivés des os ont toujours donné de magnifiques résultats lorsqu'ils étaient employés avec discernement, et vous ne devez pas, Messieurs, en être étonnés, si vous avez présents à la pensée les grands phénomènes naturels dont je vous ai esquissé le tableau dans nos précédentes réunions.

Je saisirai cette occasion pour montrer une fois de plus combien le reproche que certains agriculteurs arriérés adressent aux engrais dits *industriels* est peu fondé, et je retorquerai cette erreur en reproduisant les paroles que j'avais naguère l'honneur de prononcer à la séance solennelle du comice agricole de Nort : « L'Association Bretonne, disais-je, a constaté, il y a quelques années, que 25,000 hectares ont été défrichés de 1822 à 1848 dans la Loire-Inférieure, et qu'à cette dernière époque 100,000 hectares attendaient encore la conquête du laboureur (1). Or, si ces défrichements ont été possibles, si des cantons entiers ont changé d'aspect comme par enchantement, si des terres en rapport ont remplacé des landes stériles, c'est surtout au noir animal qu'il faut l'attribuer. A l'heure où je parle, ce n'est plus seulement aux environs de Nantes, ce n'est plus seulement en Bretagne que le noir est recherché pour la fécondation du sol ; et, dans tous les départements de l'Ouest et du Centre où l'activité productrice a déclaré la guerre aux landes et aux bruyères, les demandes de noir sont telles que sa production devient insuffisante. Je jette les yeux autour de moi et je n'aperçois dans ce canton que des terres enrichies par le noir animal. Habiles à l'employer, beaucoup d'entre vous ont obtenu des récoltes que leurs aïeux n'eussent point osé espérer. Séduits par une fausse économie, d'autres ont eu des mécomptes, et cependant pas une voix ne s'élèverait parmi vous pour nier la précieuse action d'un engrais qui signifie : Récolte pour le sol et bien-être pour le laboureur...

« .... Attachez-vous, disait un célèbre agriculteur de l'antiquité, à faire un gros tas de fumier. Rien de mieux. Mais où prendre celui qui sera nécessaire aux 900,000 hectares de landes de notre Bretagne actuelle ? Est-ce aux vieilles terres, qui en ont à peine assez pour elles ? Et, d'ailleurs, on ne transporte pas à bas prix — vous le savez. — De ce côté donc, pas de solution satisfaisante au grave problème de la mise en rapport de la lande. Avec le noir animal, au contraire, ce qui paraissait impossible devient facile, et c'est ainsi qu'une grande partie de l'arrondissement de Châteaubriant serait méconnaissable pour celui qui, l'ayant parcouru il y a trente ans, admirerait aujourd'hui ses belles cultures.

(1) Dans le département d'Ille-et-Vilaine, la superficie des terres incultes, en 1852, était de 98,832 hectares. Il a été défriché, depuis cette époque, plus de 20,000 hectares dans le seul arrondissement de Redon.

*(Rapport du Préfet d'Ille-et-Vilaine , session de 1860.)*

» Les plantes, les animaux naissent sur le sol de la ferme, s'accroissent aux dépens de la terre et de l'air. Or, la Providence a voulu que ce qui vient de l'air y retourne, et que ce qui vient du sol y retourne également. Les os des animaux, soit mis en poudre, soit carbonisés par l'action du feu, doivent donc par suite revenir nécessairement au sol dont ils proviennent. Le noir animal n'est donc pas un engrais *artificiel*, mais *naturel* au premier chef : c'est un débris, un fumier animal, fertilisant et indispensable au même titre que le débris, que le fumier des plantes est fertilisant et indispensable lui-même.

» J'en dirai autant des poudrettes, du sang, des cornes, des chiffons de laine, des produits d'équarrissage et des mélanges de ces substances que l'industrie prépare aujourd'hui sur une si vaste échelle; j'en dirai autant, enfin, de ce guano si recherché, malgré son prix élevé, et dont la France ne reçoit que le vingtième environ de la consommation de l'Angleterre.

» Sachez-le bien, disais-je alors, et dois-je répéter en ce moment : l'agriculture sérieuse — et je ne parle pas de celle qui expose à grands frais des animaux ou des produits exceptionnels, mais bien de celle qui compte et qui encaisse, — l'agriculture sérieuse n'est ni exclusive (elle a trop d'expérience), ni faiseuse de systèmes (elle n'en a pas le temps); elle apporte un égal soin *au traitement de ses fumiers, à la conservation de ses débris animaux et à l'achat des engrais industriels.* Ne craignez pas qu'elle ait jamais à s'en repentir. »

Vous m'aurez pardonné, Messieurs, cette digression; elle était nécessaire, en effet, au moment où nous allons apprécier ensemble le rôle des engrais phosphatés dans les cultures de la Bretagne.

# QUATRIÈME LEÇON.



MESSIEURS,

Nous aurons bientôt à examiner les transformations possibles du phosphate de chaux dans le sol, car l'analyse des végétaux nous prouve que cette substance n'est pas absorbée et accumulée telle quelle dans l'organisme de la plante.

Contentons-nous, pour le moment, d'établir les proportions d'acide phosphorique et de chaux que renferme le phosphate généralement employé.

Bien que, dans le langage et les transactions commerciales, nous ayons, en France, l'habitude de sous-entendre que *phosphate de chaux* signifie *phosphate de chaux des os*, c'est-à-dire 46,16 d'acide phosphorique et 53,84 de chaux, il importe cependant que vous compreniez le vague d'une telle dénomination.

Les chimistes ont reconnu que l'acide phosphorique et la chaux peuvent former trois combinaisons bien définies, contenant des proportions distinctes d'acide phosphorique.

Voici le tableau de ces combinaisons :

|  | | Acide phosphorique. | Chaux. | Eau. |
|---|---|---|---|---|
| Phosphate neutre de chaux..... | $[(CaO)^2,HO,PhO^5 + 4\,aq]$ | 41,61 | 22,36 | 26,03 |
| Phosphate basique de chaux ou phosphate des os .......... | $[(CaO)^3, \quad PhO^5 \quad ]$ | 46,16 | 53,84 | 00,00 |
| Phosphate acide de chaux..... | $[\ CaO,(HO)^2PhO^5 \quad ]$ | 61,03 | 23,72 | 15,25 |

On pourrait, à la rigueur, signaler aussi un phosphate complexe, résultant de l'union du phosphate neutre avec le phosphate acide; mais son examen rentrerait dans le domaine purement chimique, et ce n'est pas le nôtre en ce moment. Je me contenterai de vous faire remarquer que le phosphate des os est insoluble dans l'eau pure, tandis que le phosphate acide s'y dissout facilement. J'ajouterai que, sous l'influence de réactifs peu énergiques, comme l'acide carbonique, le phosphate basique des os est aisément entraîné à l'état de solution. Quelles sont les transformations qui s'effectuent en pareil cas? C'est ce dont nous nous occuperons spécialement en parlant d'une manière générale des engrais phosphatés et de leurs coefficients respectifs de solubilité.

Vous voyez, Messieurs, que lorsqu'on entame une transaction relative à des engrais industriels, il peut arriver que les mots *phosphate de chaux* soient l'objet d'une contestation en somme très légitime. L'acide phosphorique, en effet, représente souvent le principe important de la matière livrée, et selon que cet acide fait partie d'un phosphate acide ou d'un phosphate basique, les conditions de vente doivent être modifiées. En Angleterre, où la fabrication du phosphate acide de chaux a pris une grande extension, on a l'habitude de spécifier l'état de combinaison, et, le plus souvent, de mentionner tout à la fois et la richesse de l'engrais en *phosphate acide*, soluble dans l'eau, et la quantité de *phosphate basique* à laquelle correspond ce principe. En France, où le phosphate basique est surtout utilisé jusqu'à ce jour, il n'y a pas eu lieu encore — que je sache du moins — de tenir compte de ces différences. Je devais, Messieurs, vous les signaler au moment où l'introduction des phosphates minéraux et de certains guanos terreux sur le marché pourrait bien donner naissance à des nécessités nouvelles.

Sous forme d'os, le phosphate basique de chaux a toujours été l'objet d'un emploi considérable en agriculture. Les os de cuisine ou d'équarrissage, les débris des fabriques de boutons, les nombreux squelettes d'animaux qui, depuis si longtemps, blanchissent à l'air dans les pampas de Buenos-Ayres; enfin, dit-on, les détritus des champs de bataille eux-mêmes ont été l'objet d'une exploitation industrielle, qui a eu pour effet la fécondation extrêmement remarquable de contrées entières (1). En Angleterre, la culture des turneps, et, par suite, l'élevage des bestiaux en ont grandement profité. En France, d'excellents résultats ont pu être obtenus également, bien que par des traitements différents de l'os employé. Avant d'aller plus loin, établissons par quelques chiffres la composition des os, sur laquelle un récent mémoire de M. Frémy jette une nouvelle lumière.

Débarrassé du périoste, de la moëlle et de la graisse, un os *sec* a fourni à M. Marchand :

| | |
|---|---:|
| Cartilage | 32,25 |
| Vaisseaux | 1,01 |
| Phosphate de chaux basique | 52,26 |
| Phosphate de magnésie | 1,05 |
| Chlorure de calcium | 1,00 |
| Carbonate de chaux | 10,21 |
| Soude | 0,92 |
| Chlorure de sodium | 0,25 |
| Oxydes de fer et de manganèse, perte | 1,05 |
| | 100,00 |

En résumé, l'os *sec* et dépourvu de graisse renferme 52 % de

(1) Le *Times* demandait très sérieusement compte, il y a quelque temps, au commerce anglais, de l'origine d'un chargement de 230 tonneaux d'os arrivant de Sébastopol.

phosphate basique de chaux. Les analyses de MM. Payen et Boussingault lui assignent, d'autre part, 7 % d'azote.

Les os renferment donc du phosphate calcaire uni très intimement à des substances organiques azotées. A ce titre, leur décomposition dans le sol doit être caractérisée par une série d'actions qui ont pour effet de rendre l'azote et l'acide phosphorique qu'ils contiennent assimilables par les plantes. C'est ce qu'on observe, en effet, alors surtout qu'on opère avec des os suffisamment divisés et débarrassés des substances grasses qui les préserveraient du contact si utile des principes dissolvants du sol (1).

L'assimilation, toutefois, n'a lieu que lentement, en raison de la cohésion du tissu mixte de l'os.

Tels qu'on les rencontre dans le commerce, les os renfermeraient, d'après M. Anderson :

| | OS | | |
|---|---|---|---|
| | Entiers. | Concassés. | En poudre. |
| Eau ......................... | 14.98 | 10.00 | 10.39 |
| Matière organique ........... | 37.04 | 41.88 | 42.60 |
| Phosphate de chaux.......... | 48.07 | 48.12 | 47.01 |
| | 100,00 | 100.00 | 100.00 |

Nous reviendrons tout à l'heure sur ces chiffres.

Je crois devoir appeler également votre attention sur les richesses en principes minéraux des os des diverses classes d'animaux. Les chiffres suivants en sont l'expression :

(1) On peut consulter, au sujet de l'utilisation des os en agriculture, la *Notice sur les animaux morts*, de M. Payen, et le *Guide de la fabrication économique des engrais*, de M. Robart.

| NOMS DES OS. | CENDRES pour CENT. | MATIÈRES DOSÉES DANS LA CENDRE. | | |
|---|---|---|---|---|
| | | PHOSPHATE de CHAUX. | PHOSPHATE de MAGNÉSIE. | CARBONATE de CHAUX. |
| Chienne ..... fémur. | 62.1 | 59.0 | 1.2 | 6.1 |
| Veau mort-né. — | 61.5 | 60.5 | 1.2 | » |
| Vache adulte. — | 70.7 | » | » | » |
| Vieille vache. — | 71.3 | 62.5 | 2.7 | 7.9 |
| Bœuf ..... humérus. | 70.4 | 61.4 | 1.7 | 8.6 |
| Mouton ...... fémur. | 70.0 | 62.9 | 1.3 | 7.7 |
| Cachalot .......... | 62.9 | 51.9 | 0.5 | 10.6 |
| Aigle ............ | 70.5 | 60.6 | 1.7 | 8.4 |
| Dindon .......... | 67.7 | 63.8 | 1.2 | 5.6 |
| Morue .......... | 61.3 | 55.1 | 1.3 | 7.0 |
| Carpe ........... | 61.4 | 58.1 | 1.1 | 4.7 |

[Il résulte de ce tableau, donné par M. Frémy, et des études générales de ce chimiste, que 100 parties d'os secs et dégraissés contiennent 30 et quelques pour cent d'osséine — matière organique renfermant 17 % d'azote. — Six analyses d'un fémur de bœuf sec et dégraissé ont fourni à ce savant 70 de cendres et 30 d'osséine. Ce qui représente 5 % *d'azote pour l'os sec et dégraissé.*

M. Payen estime que le dégraissage des os opéré en vue de leur enlever les 9 centièmes de graisse qu'ils renferment, leur en enlève en réalité 8 centièmes (1). Dans la matière organique des os dégraissés du commerce, il y a donc un peu de substance étrangère à l'osséine et non azotée. Cette matière est de la graisse.

Les nombreux types d'os secs que j'ai examinés, soit après les avoir râpés moi-même, soit en prélevant des échantillons de poudre d'os vendue comme engrais, m'ont fourni, pour 100 parties de

(1) A Nantes, les os de Boucherie ne rendent en moyenne que 4,5 à 5 % de graisse aux fabricants de noir d'os.

matière sèche, de 32 à 40 °/₀ de substance organique, et le dosage direct de l'azote m'a donné *de 4,5 à 5,5 °/₀ d'azote.*

M. Payen a constaté, d'autre part, que les os de boucherie et d'équarrissage de Paris contenaient 10 °/₀ d'eau, 32 °/₀ de matière azotée et 9 °/₀ de graisse. Toutes ces données me portent à considérer les chiffres de M. Anderson comme évaluant trop haut la proportion de matière organique azotée des os livrés au commerce. En adoptant, en effet, les conclusions de ce chimiste, on trouverait que les os en poudre mentionnés dans son tableau et ramenés à l'état sec contiendraient près de 48 °/₀ de matière organique, soit 52 seulement de matière minérale, ce qui est en contradiction avec les faits acquis. Nous plaçant sur le terrain des faits, nous dirons donc *que les os dégraissés offerts à l'agriculture renferment de 4,5 à 5,5 °/₀ d'azote.*]

L'influence fâcheuse des matières grasses, considérées comme obstacle à la décomposition des os, a été démontrée à diverses reprises. Des os secs, en effet, qui avaient été exposés à l'influence de l'air pendant plusieurs mois, présentaient une masse peu active comme engrais, et dans les pores de laquelle la graisse avait intimement pénétré le tissu et enveloppé les sels calcaires. Ces os, mis en terre, n'avaient perdu au bout de quatre années que 8 centièmes de leur poids, tandis que des os récents, privés par l'eau bouillante de la plus grande quantité de leur graisse, perdaient 20 à 30 centièmes. Ces chiffres démontrent la différence d'action des deux engrais. La perte, en effet, signifie solubilité, et solubilité veut dire ici fécondité.

Les vastes pampas de l'Amérique du Sud contiennent, Messieurs, des masses énormes d'os de ruminants qui, depuis des temps considérables, sont abandonnés sur le sol. Ces os doivent nous offrir et nous offrent, en effet, tous les degrés d'altération de la matière organique grasse ou azotée. Depuis qu'il en arrive des chargements dans les ports anglais, à Bordeaux et à Nantes (1),

(1) Le *Courrier de Nantes* mentionnait, en juillet 1858, que 600 tonneaux d'os et cendres d'os avaient été importés de Montevideo depuis le commencement de l'année.

on a pu constater que souvent leur matière organique a été en partie *brûlée* par l'oxygène atmosphérique. Il y a enfin des cas où la matière organique détruite a été remplacée par des substances minérales siliceuses, de telle sorte que l'os renferme jusqu'à 15 %, de résidu insoluble dans les acides. Ces os, source précieuse de phosphate de chaux, sont généralement carbonisés ou divisés à l'aide de moulins appropriés, et traités enfin par des réactifs qui les désagrégent. Ils constituent, en tout cas, une source précieuse d'acide phosphorique que l'industrie moderne ne pouvait négliger.

Je dois mentionner aussi, Messieurs, l'introduction en France de *cendres d'os* provenant des mêmes localités, et dans lesquelles il faut nécessairement s'attendre à rencontrer des substances siliceuses en assez forte proportion. Un chargement de ces cendres, expédié de Montevideo, m'a fourni les chiffres suivants :

| | |
|---|---:|
| Charbon et matière organique............ | 3 |
| Résidu siliceux........................ | 21 |
| Phosphate de chaux et de magnésie....... | 66 |
| Carbonate de chaux, etc................. | 10 |
| | **100** |

[Le navire *Spéculant* a apporté à Nantes, pour le porter ensuite à Liverpool, un chargement de cendres de Montevideo, dans lequel j'ai trouvé, pour 100 parties de matière sèche :

| | |
|---|---:|
| Charbon, matière organique.......... | 3,5 |
| Sable siliceux...................... | 8,5 |
| Phosphate de chaux.................. | 78,2 |
| Phosphate de magnésie.............. | |
| Carbonate de chaux et perte.......... | 9,4 |
| | **100,0** ] |

Il est presque superflu de vous faire remarquer que, dans des produits de cette sorte, la valeur commerciale *pour le fabricant d'engrais* est presque déterminée par la dose de phosphate. *Pour l'agriculteur, il en serait autrement.* Cette cendre d'os serait, par exemple, moins apte à la condensation des gaz dissolvants ou nutritifs du sol, que du charbon d'os dont les cellules calcaires seraient uniformément tapissées de carbone, divisé, amorphe, et possédant un pouvoir énorme d'absorption.

Sur les points où les mammifères marins donnent lieu à des opérations de pêche importantes, il y aurait lieu de faire des recherches d'ossements. M. Eudes Deslongchamps écrivait en effet, à M. Elie de Beaumont, qu'on lui avait rapporté, du détroit de Magellan, de gros fragments très compacts d'os roulés, dont toute la plage était couverte. Le timonnier d'un navire ancré en cet endroit descendit à terre et fut très surpris de trouver le rivage parsemé de véritables galets osseux. Ces os provenaient de carnassiers amphibies, phoques, morses, etc. Dans beaucoup de contrées lointaines, il doit exister des dépôts de phosphates analogues, évidemment destinés à entrer tôt ou tard dans les cultures de la vieille Europe.

Les tourteaux obtenus à l'aide des débris de poissons pressés peuvent aussi donner, sur les lieux de pêche, des aliments importants à l'industrie des phosphates assimilables. A Terre-Neuve, en Angleterre et à Concarneau, on avait, il y a quelques années, réalisé cette pensée. *L'engrais poisson* qui en résultait, renfermait 18, 29 et 54 % de phosphate de chaux; 11, 8 et 4 % d'azote, selon qu'on opérait sur des chairs, des résidus de morue ou des os de poissons pulvérisés. Cette industrie, organisée sur une vaste échelle, a malheureusement cessé de fonctionner. Toutefois, pratiquée sur une échelle restreinte, elle permet encore dans plusieurs localités de fournir au sol des phosphates extraits de la mer; et toutes les fois que les conditions de transport et d'achat ne seront pas trop onéreuses, (1) la fabrication des engrais de poissons sera évidemment avantageuse.

En vous parlant, il y a quelques instants, Messieurs, des cendres d'os de la Plata et du Brésil, je vous disais que ces

(1) Le transport du poisson frais pour engrais s'effectue sur une substance qui, dans la pratique, représente 70 à 80 % d'eau.

engrais convenaient certes moins à la fertilisation des terres avides d'acide phosphorique que les os carbonisés. En voici la preuve. A côté des médiocres effets souvent constatés après l'emploi de la cendre d'os dans des landes à réaction acide, on a obtenu des résultats incomparablement supérieurs à l'aide d'un noir d'os ainsi composé :

| | |
|---|---:|
| Charbon....,........................ | 6,5 |
| Silice............................ | 1,4 |
| Phosphate de chaux et de magnésie...... | 83,4 |
| Carbonate de chaux, etc............... | 8,7 |
| | **100,0** |

Cette substance provenait de la carbonisation effectuée, sur mon avis, des résidus osseux de l'extraction de la gélatine. Ces résidus renfermaient avant la carbonisation :

| | |
|---|---:|
| Matière organique..................... | 18,8 |
| Silice............................ | 0,8 |
| Phosphate de chaux et de magnésie...... | 76,4 |
| Sels solubles dans l'eau...... .......... | 0,8 |
| Carbonate de chaux, etc............... | 3,2 |
| | **100,0** |

Azote, 14 millièmes.

Par la carbonisation, la matière était devenue plus propre que jamais à condenser les acides du sol. Il devenait possible, d'autre part, de lui faire absorber, sous forme de sang, bouillons gélatineux, etc., une forte proportion d'azote très assimilable. En résumé, l'expérience effectuée dans les défrichements depuis plusieurs années, a prouvé que le phosphate de chaux ainsi offert à la végétation réalisait d'excellentes conditions de fertilité.

Il faut voir, Messieurs, dans cet ensemble de faits, une nouvelle preuve de l'influence énorme de l'état physique sur la *valeur réelle* des engrais. Tout azoté qu'il soit, l'os est moins actif, en effet, que les produits de sa désagrégation. Les circonstances de texture dans lesquelles le place la carbonisation de son tissu organique, ont un immense avantage, *malgré* la déperdition d'azote qui caractérise cette opération. M. du Jonchay, qui a fait dans l'Allier de très grandes expériences sur l'emploi des os, n'a jamais constaté qu'une carbonisation partielle ait affaibli l'action de l'engrais. Il est évident d'ailleurs que si l'on restitue à la substance *devenue poreuse et absorbante,* une certaine dose de combinaison azotée facilement décomposable, on réalise les meilleures conditions pour l'engrais fabriqué.

Il y a longtemps déjà, Messieurs, que les précieuses propriétés du noir animal sont connues dans la Loire-Inférieure et en Bretagne ; mais depuis quelques années seulement on a reconnu que le noir d'os vierge, ainsi que le noir d'os chargé de principes azotés et sucrés qu'on dénomme *résidu de raffinerie,* peuvent être l'un et l'autre excellents, à la condition d'approprier leur emploi respectif à la nature du sol. J'ai démontré naguère (1) que, sous un nom général, on avait trop longtemps confondu les noirs d'os, très chargés de matière organique fermentescible, et les noirs surtout riches en *phosphate poreux et carboné* qui, dans des sols chargés de matières végétales à réactions acides, produisent de très belles récoltes et permettent d'engrener très favorablement la délicate opération du défrichement. Ces distinctions radicales sont désormais confirmées par les errements de la fabrication.

Je n'ai point, Messieurs, l'intention de développer devant vous l'exposition des faits qui établissent l'action spéciale du noir animal dans les terrains argilo-schisteux. Une telle étude nous entraînerait trop loin. J'ai eu l'honneur de l'entreprendre, il y a quatre ans, dans le cours communal auquel assistaient peut-être quelques-uns d'entre vous (2). A cette époque, j'établissais l'importance énorme de cet engrais, en soumettant les chiffres qui expriment son

(1) Annales de Chimie et de Physique, 3° série. — Août 1854.
(2) Le Noir Animal. — Analyse. Emploi. Vente. — 2° édition.

introduction sur le marché de Nantes. Je puis donner aujourd'hui à cet égard quelques nouveaux documents dont l'importance économique ne vous échappera certainement pas.

Voici les quantités de noir animal que la navigation au long-cours et le cabotage ont importé à Nantes depuis 1850 :

| | |
|---|---|
| 1850..................... | 15,001,976 kilog. |
| 1851..................... | 17,096,818 |
| 1852..................... | 16,899,662 |
| 1853..................... | 16,893,561 |
| 1854..................... | 16,416,551 |
| 1855..................... | 12,252,755 |
| 1856,.................... | 16,179,181 |
| 1857..................... | 15,867,000 |
| Soit, par année..................... | 15,825,938 kilog. |
| Or, la production locale est de........ | 2,500,000 |
| Il arrive par chemin de fer........... | 3,000,000 |
| C'est donc par....................... | 21,325,938 kilog. |

que se traduit, depuis 1850, l'introduction annuelle du noir animal sur le marché de Nantes.

Si l'on admet que cette masse d'engrais représente en moyenne un hectolitre pour 90 kilog., on arrive à 236,954 hectolitres qui, au prix moyen des huit dernières années — soit 17 francs, — représentent 4,028,218 fr. Vous voyez, Messieurs, que si, à ce chiffre, on ajoutait celui des guanos naturels et artificiels, on arriverait à un total qui dépasserait notablement les 5 millions que je mentionnais, il y a quelques années, dans mes statistiques annuelles de ce commerce. Or, ici remarquez bien qu'il s'agit surtout d'engrais riches en phosphate de chaux.

[Il résulte des deux derniers rapports que j'ai présentés à l'administration que les importations des deux dernières années peuvent être ainsi représentées :

| | |
|---|---|
| 1858..................... | 14,676,176 kilog. |
| 1859..................... | 16,258,827 |
| 1er semestre de 1860........ | 10,561,594 |

En 1859, le chemin de fer d'Orléans a apporté à Nantes :

En gare de Chantenay.....       563,000 kilog. d'engrais.
En gare de Mauves.......       5,307,500

Ces deux derniers chiffres à la vérité, s'appliquent tout à la fois au noir animal et aux substances diverses, tels que sang sec, tourteaux de chairs, etc.]

Supputez maintenant, Messieurs, les masses de poudrettes fabriquées dans le département, les cendres apportées de Noirmoutier. Ajoutez ici les produits d'équarrissage, les engrais de poissons, les charrées; ajoutez enfin à cette masse de substances fertilisantes les 250,000 hectolitres de tourbe pulvérisée que nous expédie chaque année le Syndicat de Montoir, et vous comprendrez que, sous leur humble apparence, les questions d'engrais puissent être en Bretagne l'objet des études les plus intéressantes.

Je lis dans un rapport adressé, par M. le Préfet des Côtes-du-Nord, au Conseil général, que, par les canaux et les ports de ce département, il a été introduit pour la consommation locale :

En 1852...............       1,833,000 kilog. de noir animal.
1853...............       6,659,000        —
1854...............       5,809,000        ....
1855...............       5,712,000        —

Selon le même document, l'importance des ventes aurait été exprimée par les chiffres :

279,000 fr. pour.....................       1852
998,000       — .....................       1853
874,000       — .....................       1854
860,000       — .....................       1855

En 1856. le chiffre de un million a dû être obtenu.

Si l'on possédait des statistiques analogues pour tous les départements dont le sol comporte l'emploi du phosphate de chaux sous forme d'engrais, et pour la Bretagne en particulier où le défrichement réclame des substances fertilisantes en proportion exceptionnelle, on comprendrait peut-être mieux les conditions vitales de l'agriculture. C'est quelque chose certainement pour le cultivateur que de connaître un assolement et de posséder des instruments aratoires perfectionnés ; mais tant qu'il ne dispose que d'un maigre fumier et que le vent de la lande voisine fait onduler ses moissons, il ne lui est pas permis de regarder sa tâche comme accomplie. En pareil cas, ne pas avancer , c'est reculer.

# CINQUIÈME LEÇON.



MESSIEURS ,

J'ai commencé, dans notre dernière réunion, l'examen des phosphates osseux ; mais, à cet égard, je suis loin d'avoir tout dit.

L'importance de tels engrais ne vous a point échappé, et pour qu'on en introduise 50 millions de kilogrammes par année en Angleterre, il faut évidemment que leur action sur les plantes soit énergique. En Allemagne, on n'a pas méconnu leurs avantages. Le rapport de M. Barral au jury mixte de l'Exposition Universelle de Paris, nous apprend que dans l'usine de MM. Fichter et fils, à Atzgersdorf, près Vienne, les os d'abattoir sont soumis à l'action de la vapeur sous l'influence d'une haute pression. Cette méthode, brevetée en Allemagne, rend la friabilité de l'os assez grande. Avant l'emploi de ce moyen, la pulvérisation de l'os demandait des machines très coûteuses, composées de cylindres broyeurs aciérés ; maintenant des meules semblables à celles des moulins d'huileries, suffisent pour opérer la division des os. Les liquides des chaudières sont employés pour la fabrication d'engrais azotés.

Les moulins à pulvériser les os sont très nombreux en Angleterre. A Hull (comté d'York) et dans les environs de Londres, on en compte un grand nombre qui peuvent broyer jusqu'à vingt mille kilog. de matière par jour.

Dans un rapport adressé à M. Dumas, sur quelques industries agricoles de l'Angleterre, M. Payen a donné, en 1850, quelques détails intéressants sur les modifications qu'éprouvent les os dans cette contrée, où il n'est pas rare de voir un fermier en consommer pour 15 ou 20 mille fr. par an.

Les os peuvent être broyés : 1° par des *bocards*, espèces de pilons munis inférieurement de marteaux en fonte ; 2° par des meules verticales en fonte ou en granit, du poids de 2 à 3,000 kilog. ; 3° enfin par des machines à cylindres en fonte dure, armés de dents, qui tournent en sens contraire avec des vitesses différentes. La machine écossaise d'Anderson, construite sur ce principe, peut broyer par heure environ 1,500 kilog. d'os bruts.

Voici comment on opère dans la fabrique de M. Hunter ; j'emprunte le récit de cette opération au rapport de M. Payen :

« Les os sont apportés dans une trémie, au fond de laquelle se trouvent deux cylindres dont l'un est formé de sept grands disques de vingt-cinq centimètres de diamètre, épais, dentelés, séparés les uns des autres par des disques de quinze centimètres de diamètre.

» L'autre cylindre présente six grands disques séparés de même par des disques d'un diamètre plus petit, de telle manière que les grands disques de l'un des cylindres pénètrent dans les intervalles compris entre les grands disques de l'autre.

» Les os engagés ainsi dans des *porte-à-faux* se brisent assez facilement. Si les os sont frais, on les jette dans une chaudière chauffée par la vapeur et à demi-pleine d'eau à + 100°.

» La matière grasse, liquéfiée, s'échappe des cellules qui la renferment et vient surnager, tandis que les os tombent au fond.

» On peut en retirer ainsi environ 5 °/₀ (1) de graisse que l'on emploie dans l'usine même à la fabrication du savon.

» Les fragments d'os obtenus sont mêlés avec d'autres os *secs*, brisés de la même manière, et on les réduit en plus petits fragments en les faisant passer entre des cylindres plus rapprochés. On sépare ensuite, à l'aide d'un blutoir cylindrique en tôle de fer percée, les plus gros morceaux, pour les broyer de nouveau.

» Chez M. Hunter, une machine de huit chevaux suffit au broyage de 7,500 kilog. d'os par jour, et une partie de la force de cette machine est utilisée pour d'autres opérations. »

Comme vous le voyez, Messieurs, ces machines sont dispendieuses et la modification des os, sous l'influence de la vapeur à haute pression, permettrait, ainsi que je l'ai mentionné tout-à-l'heure, d'en simplifier généralement les dispositions.

[Un procédé de modification des os qui se rapproche de celui de M. Hunter, est appliqué à Nantes par M. Leroux, qui traite tout à la fois les cornes et les os pour les rendre friables et d'une décomposition facile. M. Leroux a organisé sur une échelle assez grande la torréfaction de ces matières à 300 degrés centigrades. Sous cette influence, l'os ou la corne sont puissamment modifiés, deviennent d'un jaune assez riche, perdent toute leur matière grasse et n'offrent plus à la pulvérisation la résistance qui d'ordinaire rend cette opération difficile. Dans cette torréfaction qui s'opère d'une manière ingénieuse, à l'aide d'un vaste cylindre de tôle mobile autour de son axe, l'os ou la corne abandonnent une très faible dose d'azote. Je me suis assuré que des os contenant 4,56 d'azote avant d'être introduits dans l'appareil, en contenaient 4,20 à leur sortie ; or, si l'on tient compte de l'état de friabilité et d'isolement presque absolu des principes gras où se trouve

(1) Ce rendement est celui auquel j'ai fait allusion page 61.   A. B.

désormais l'osséine modifiée et pénétrée de sels calcaires, on comprend l'avantage obtenu. En ce qui concerne l'azote de la corne torréfiée et pulvérisée, je me suis assuré que l'action de l'air, de l'humidité et de la chaux vive, en dégageait 316 parties, à l'état d'ammoniaque, lorsque, dans les mêmes circonstances, la corne normale n'en laissait échapper que 100 parties.

Les os torréfiés dans l'usine de M. Leroux renferment en moyenne :

| | |
|---|---:|
| Matière organique azotée...................... | 35 |
| Résidu siliceux. .............................. | traces. |
| Phosphate de chaux et phosphate de magnésie... | 60 |
| Carbonate de chaux, sels solubles et perte....... | 5 |
| | 100] |

Constatons aussi qu'en France — à Thiers — et dans plusieurs localités du Puy-de-Dôme où l'agriculture utilise avec beaucoup d'apropos les débris de la fabrication des manches de couteaux, on emploie, pour diviser cet engrais, une petite machine bien simple. C'est une espèce de râpe tournante contre laquelle on presse les os dans une trémie doublée en forte tôle ou en plaques de fonte. La pression s'exerce au moyen de leviers. On obtient ainsi une pulpe comparable à de la sciure de bois grossière.

Quel que soit au surplus le procédé physique employé pour rendre plus rapidement assimilables les os bruts carbonisés ou calcinés, il ne peut qu'atténuer, sans les détruire, certaines conditions de résistance aux affinités chimiques du sol, qui sont propres à la molécule même du phosphate osseux.   •

On a demandé à la chimie des moyens plus efficaces, et, comme toujours, la chimie est intervenue fort utilement.

On a dû, tout d'abord, faire appel à des observations depuis longtemps acquises à la science et constater que, soit sous l'influence des eaux atmosphériques chargées d'acide carbonique ou de sels divers, soit pendant la fabrication de la gélatine au moyen de l'acide chlorhydrique, le phosphate de chaux peut être enlevé au tissu organique, abandonner la substance azotée à laquelle il est uni dans l'os, et entrer dès lors en dissolution. Il ne s'agissait plus que de réaliser en grand le même phénomène de dissolution, et c'est précisément ce qu'on a fait, mais en substituant l'acide sulfurique à l'acide chlorhydrique des fabricants de gélatine.

En 1843, le duc de Richemond fit des essais de transformation du phosphate osseux au moyen de l'acide sulfurique. Modifiées et répétées sur une très grande échelle, ces tentatives prouvèrent que, sur certains sols où les os n'agissent que lentement, le *superphosphate donne d'excellentes récoltes*. Que se passe-t-il sous l'influence de l'acide sulfurique ? Nous allons l'examiner.

L'acide attaque tout d'abord le carbonate de chaux de l'os, met l'acide carbonique en liberté et forme du plâtre (sulfate de chaux), qui se précipite. Mais le phosphate des os est également attaqué, l'acide sulfurique se combine avec une portion de sa chaux. De là, formation nouvelle de plâtre. D'autre part, l'acide phosphorique, séparé ainsi de la chaux à laquelle il était uni, concourt à la formation d'un groupe nouveau. C'est le *phosphate acide* de chaux dont je vous parlais dans notre dernière conférence, et que l'on appelle très improprement *perphosphate* ou *superphosphate* de chaux, pour exprimer qu'il contient une dose maxima d'acide phosphorique. Or, à cette dose maxima sont intimement liées des conditions très importantes de solubilité.

M. Lawes de Rothamsted qui fabrique le *superphosphate* sur une grande échelle, déclarait, il y a quelques mois, que l'emploi de cet engrais avait été, pour l'Angleterre, le commencement d'une ère agricole nouvelle. La culture des turneps y a puisé des éléments énormes de fécondité.

Cet industriel ajoute *que l'acidification permet de rendre utiles dans certains sols, où les os n'agissaient que très peu, des phosphates désormais transformés*. Rappelez-vous, Messieurs, que je vous ai signalé la réaction acide de certaines landes comme cause de transformation de phosphates inertes dans des terrains calcaires. Il y a, dans ces faits, une frappante et significative analogie.

Il est un autre fait, Messieurs, sur lequel tous les bons esprits sont d'accord. Lorsqu'on confie au sol du biphosphate de chaux, on n'a pas pour but de mettre à la disposition de la plante une dissolution propre à l'assimilation immédiate. Par son acidité, cette dissolution serait corrosive et mortelle aux organes délicats du végétal. Il est évident, au contraire, qu'elle subit promptement dans la terre d'importantes modifications chimiques. L'acide phosphorique en excès s'unit aux bases terreuses ou alcalines, et le *phosphate des os* régénéré se précipite sous forme gélatineuse. Or, sous cette forme, il se répartit très facilement. *L'acide carbonique, les sels ammoniacaux, les combinaisons salines diverses le dissolvent. Que dis-je ? Non seulement elles le dissolvent, mais elles le transforment. Des échanges de bases s'effectuent, des réactions multiples et mystérieuses interviennent*, et bientôt les phosphates de potasse, de magnésie et de chaux, nous apparaissent comme partie intégrante du végétal. Ce végétal *n'a donc pas absorbé de biphosphate de chaux*, mais le biphosphate obtenu sous l'influence d'un procédé industriel a été l'une des combinaisons les plus favorables à la migration de la molécule d'acide phosphorique, qui, pour la plupart des cultures, doit nécessairement abandonner sa base pour en saturer de nouvelles.

[Est-ce à dire que ce soit nécessairement sous forme de phosphate que le végétal contienne *tout* son phosphore ? Non, bien certainement. Dans les matières organisées, animales ou végétales, il y a une certaine quantité de cet élément, à un état d'association mal défini jusqu'à ce jour, mais analogue à celui de l'azote et du soufre. Lorsque le chimiste analyse les cendres de la matière morte, il trouve à la vérité de l'acide phosphorique libre ou combiné, mais rien ne prouve que *tout* cet acide préexistât dans la matière vivante (1). Bien au contraire.]

(1) L'acide oléophosphorique des chimistes n'est-il pas le cadavre de la combinaison phosphorée graisseuse de l'économie ?　　A. B.

Pour le défrichement de nos landes de Bretagne, et, en général, Messieurs, pour la mise en culture de nos terrains argilo-schisteux à réaction acide, et dont les propriétés dissolvantes pour les phosphates vous sont bien connues, les superphosphates ne sont pas nécessaires; ils n'auraient donc pour nous qu'une médiocre importance, si, à la théorie de leur fabrication et de leur emploi, ne se rattachait étroitement l'explication de faits généraux observés dans l'emploi de tous les engrais à base de phosphates.

Dans un sol peu fertile et où il voulait comparer l'action des os acidifiés et des os à l'état de poudre, M. Augustin Wœlcker, professeur au Collége agricole de Cirencester, a fait quelques expériences sur la culture du navet. Voici les résultats obtenus par cet expérimentateur :

| Engrais. | Produit par hectare. |
|---|---|
| Pas d'engrais.................... | 13,000 kilog. |
| Poudre d'os..................... | 22,000 |
| Poudrette...................... | 23,000 |
| Superphosphate................. | 34,021 |

Les expériences faites par M. Lawes lui ont fourni quelques résultats que je veux aussi vous soumettre.

En fumant à l'aide du superphosphate uni à des matières azotées, M. Lawes a obtenu huit récoltes de turneps représentant 78 tonnes de produits, tandis que la même terre, non imprégnée d'engrais, n'en avait rendu que 24 tonnes.

Le turneps ayant été introduit tous les quatre ans dans un assolement, M. Lawes a également obtenu :

| Terre sans engrais......... | 1848 — 9 tonnes. |
|---|---|
| Id. ................. | 1852 — 1 |
| Superphosphate de chaux... | 1848 — 18 |
| Id. ................. | 1852 — 13 |

Voici maintenant l'influence du superphosphate de chaux dans la culture de l'orge, pendant une période de quatre années :

| | Terre sans engrais. | | Superphosphate seul. | | Superphosphate. et sels ammoniacaux. |
|---|---|---|---|---|---|
| | Boisseaux par acre. | | Boisseaux par acre. | | Boisseaux par acre. |
| 1852......... | 27,1 | — | 28,1 | — | 38,2 |
| 1853......... | 25,3 | — | 33,3 | — | 40 |
| 1854......... | 35,0 | — | 40,2 | — | 60,2 |
| 1855......... | 31,0 | — | 36,0 | — | 47,3 |

L'influence de l'acide phosphorique et de l'azote est ici tellement manifeste, que les chiffres par lesquels elle est exprimée dispensent de tout commentaire.

C'est en vue d'arriver à une utile association de l'azote et de l'acide phosphorique; c'est aussi pour obtenir la précipitation du phosphate basique à l'état gélatineux, que les fabricants anglais, après avoir fait agir l'acide sulfurique sur les os, ajoutent à la masse, des sels ammoniacaux, des matières animales, puis des cendres, de la sciure de bois, du poussier de charbon, de la terre sèche, ou même du noir animal.

M. Thompson, professeur de chimie à l'École de médecine de Bristol; M. Way, conseiller chimiste de la Société royale de Londres; M. Nesbit et quelques autres praticiens très exercés, aux avis desquels l'agriculture de nos voisins doit des améliorations nombreuses, ont écrit d'excellents articles sur les modifications dont le phosphate de chaux basique est l'objet. Pour nous, Messieurs, qui avons lieu de nous fier à la nature toute spéciale de nos sols de transition et de leur couche végétale primitive lorsqu'il s'agit de l'assimilation des phosphates, ces documents n'ont qu'une importance relative. Je me bornerai, en ce qui concerne les *superphosphates*, à mettre sous vos yeux quelques analyses de types commerciaux exécutées par M. Way :

*Superphosphate de chaux. — Qualité supérieure.*

|  | 1. | 2. | 3. |
|---|---|---|---|
| Humidité | 14,71 | 9,66 | 3,75 |
| Matière organique et sels ammoniacaux | 10,18 | 14,50 | 21,35 |
| Biphosphate de chaux (soluble) | 18,50 | 14,34 | 15,45 |
| Phosphate basique de chaux (insoluble) | 6,35 | 15,72 | 1,12 |
| Sable | 9,98 | 2,83 | 9,72 |
| Sulfate de chaux hydraté | 36,63 | 36,12 | 40,04 |
| Sels alcalins | 3,65 | 6,83 | 8,57 |
|  | 100,00 | 100,00 | 100,00 |

*Superphosphate de chaux. — Qualité inférieure.*

|  | 1. | 2. | 3. |
|---|---|---|---|
| Humidité | 11,58 | 11,83 | 9,18 |
| Matière organique et sels ammoniacaux | 8,33 | 5,21 | 8,60 |
| Biphosphate de chaux (soluble) | 1,61 | 2,58 | 2,90 |
| Phosphate basique de chaux (insoluble) | 23,45 | 0,06 | 18,79 |
| Sable | 6,41 | 5,07 | 7,41 |
| Sulfate de chaux hydraté | 26,64 | 74,98 | 50,08 |
| Sels alcalins | 21,98 | 0,27 | 3,04 |
|  | 100,00 | 100,00 | 100,00 |

Et s'il vous semble étrange, Messieurs, que de tels engrais puissent être le résultat du traitement des os par l'acide sulfurique, j'ajouterai que les os d'équarrissage et de boucherie ne sont pas les seuls éléments de cette industrie des superphosphates, dont l'importance s'accroît chaque jour en Angleterre. Les os fossiles, en effet, des débris nombreux de races éteintes, des minerais mêmes de phosphates cristallins, provenant de la Norwége, sont chaque jour acidifiés, puis mélangés à des sels ammoniacaux, à des cendres, etc. ; de telle sorte que les différences de composition peuvent naturellement s'expliquer en pareil cas. A la vérité, la fraude y est souvent pour quelque chose.

Vous devez facilement comprendre , Messieurs , que le développement immense de l'industrie du *superphosphate* en Angleterre ait été une prime offerte à l'importation dans ce pays du phosphate de chaux. Cela explique comment les prairies de l'Amérique du Sud, où chaque année l'on abat cinq millions de bœufs ou de vaches pour en avoir la peau , ont tout d'abord fourni leur apport de phosphates à nos voisins. Puis sont venus les os fossiles, les curieux excréments d'animaux antédiluviens, désignés sous le nom de *coprolithes*, les concrétions analogues dites *pseudo-coprolithes*, puis encore les *apatites* de Norwége, utilisées sur une grande échelle par M. Lawes, et enfin celles de l'Espagne, dont on s'est borné jusqu'à ce jour à expérimenter les propriétés.

Ainsi , au moment où l'on semblait manquer d'acide phosphorique, et où l'on profanait, dit-on , les champs de bataille pour en disputer les ossements aux influences dissolvantes de l'air et du sol , la géologie, aidée de la chimie, démontrait qu'il s'agit bien plutôt de transporter et de modifier des phosphates que de s'inquiéter de leur abondance sur notre globe. Telle contrée recèle assez de phosphate de chaux pour construire des villes entières ; telle autre possède un sous-sol dont il ne s'agit que de fouiller les profondeurs pour en retirer les débris phosphatés de races animales éteintes.

Mais, sans anticiper, Messieurs, sur ce que j'aurai prochainement à vous dire au sujet de ces immenses amas de phosphates offerts à l'activité productrice de notre époque, qu'il me soit permis de vous en signaler quelques-uns dont l'industrie exploite déjà la richesse.

Parmi les guanos livrés à l'agriculture, il en est , vous le savez, qui se distinguent par leur richesse en principes ammoniacaux. Ceux du Pérou, qui, secs, renferment de 12 à 17 % d'azote, sont dans ce cas. Il en est d'autres, au contraire, comme le guano de Bolivie, qui ne renferment que quelques millièmes d'azote , et dans lesquels le phosphate de chaux est fort abondant. Signaler ces derniers types, c'est dire que , comme phosphates propres au défrichement ou comme éléments de fabrication pour le superphosphate, ils ne sauraient être négligés. J'en dirai autant d'un curieux gisement récemment découvert dans l'Ile-aux-Moines de la mer des Caraïbes, et dont la moyenne m'a fourni :

| | |
|---|---:|
| Matière organique azotée et eau de combinaison. | 7,60 |
| Résidu siliceux insoluble... | 2,00 |
| Sulfate de chaux... | 8,32 |
| Phosphate de chaux et de magnésie... | 70,00 |
| Sels alcalins... | 1,88 |
| Carbonate de chaux... <br> Carbonate de magnésie... | 10,20 |
| | **100,00** |

L'azote contenu dans 100 parties de cette substance désignée à New-York comme *guano phosphatique*, ne s'élevait qu'à 43 dix-millièmes.

M. Malaguti a remarqué, de son côté, que dans cette curieuse substance, qui a la dureté de la pierre, l'extérieur n'a pas la composition du centre. Ainsi, la masse reposant sur le schiste, ayant été analysée avec soin, a fourni 70 centièmes de phosphate à la surface, 74 centièmes au centre et 75 centièmes à la partie inférieure.

[La décomposition spontanée de certains guanos, l'évaporation de leur azote sous forme d'ammoniaque, ont donné naissance à des résidus très riches en phosphates de chaux et de magnésie, et dont l'importation prend depuis quelque temps une légitime importance. Quelques éclaircissements sur cette transformation du guano type ne seront pas inutiles.

D'après M. Nesbit, le *huano* ou *guano* normal du Pérou offre la composition moyenne qui suit :

| | |
|---|---:|
| Eau............................................ | 15,82 |
| Matières organiques et sels ammoniacaux.. | 52,52 |
| Silice et sable............................ | 1,46 |
| Phosphate de chaux...................... | 19,52 |
| Sels alcalins............................ | 7,56 |
| Acide phosphorique.................... | 3,12 |
| | **100,00** |

Azote, 14,29 %.

Ces chiffres, déterminés d'après l'essai de 15 échantillons, se rapportent aux *huaneras* des îles *Chinchas*, situées par 13 degrés ½ de latitude australe, à environ 12 milles à l'O.-N.-O. de Pisco.

Dans le guano de Bolivie, la dose d'azote descend à 3,38 %, et le phosphate de chaux s'élève à 41,78. L'îlot de Pedro-Key (côte de Cuba) offre un gisement de guano, dans lequel ce phosphate s'élève à la dose de 48,52 % ; l'azote de ce gisement ne représente que 0,28 %, c'est-à-dire une proportion insignifiante, qui est contenue dans 6,16 de matière organique. En général, les gisements très éloignés des côtes du Pérou offrent ce caractère spécial : proportion d'azote insignifiante et dose considérable d'acide phosphorique sous forme de phosphates terreux.

Il y a quelques années, M. Boussingault (1) reçut du gouvernement de l'Équateur un guano découvert dans les îles Gallapagos, et dont l'analyse donna :

| | |
|---|---:|
| Phosphate de chaux tribasique........ | 60,3 |
| Azote............................. | 0,7 |
| Sable et argile.................... | 19,0 |

L'azotate de potasse s'y trouvait à la dose de 3 %.

---

(1) Sur les gisements du guano, *Annales du Conservatoire*. **Janvier, 1861.**

Ce dernier principe, recherché dans les autres guanos, y a été dosé dans les proportions suivantes par M. Boussingault :

1 kilog. de guano des îles Chinchas contient :

|  | Grammes. |
|---|---|
| En azotate de potasse | 3,80 |
| Id.      Id. | 1,10 |
| Guano du Chili | 6,00 |
| Id.   de Jarvis | 5,00 |
| Id.   de Baker | 3,20 |
| Id.   du golfe du Mexique | 0,10 |

Comme types de guanos, dans lesquels l'azote a peu à peu disparu, je citerai encore le guano de Sombrero-Island, récemment importé en Angleterre sous le nom de *phosphatic-guano*. Ce gisement est situé par 18°,35 de latitude Nord et 63°,28 à l'Ouest de Greenwich, non loin de l'île Saint-Thomas.

| | |
|---|---|
| Eau | 8,96 |
| Phosphate de chaux | 37,71 |
| Phosphate d'alumine et de fer | 44,21 |
| Phosphate de magnésie | 4,20 |
| Sulfate de chaux | 0,86 |
| Carbonate de chaux | 3,36 |
| Acide silicique soluble | 0,30 |
| Sable | 0,40 |
|  | 100,00 |

Acide phosphorique total......... 36,36

Le gisement de cette substance a 12 mètres d'épaisseur environ. On en a extrait plus de 70 mille tonnes en moins de deux années.

Enfin, un gisement exploité sur une large échelle depuis quelques années, et dont les produits sont importés en France avec succès, est celui des îles Baker et Jarvis. L'importance de ce gisement mérite de fixer l'attention, car c'est une source abondante et précieuse d'acide phosphorique très assimilable.

Les îles Baker et Jarvis sont situées par 0°,3 de latitude Sud et 150 à 160° de longitude Ouest. Ces îles, formées par des coraux, n'offrent ni eau, ni végétation, et s'élèvent de 7 à 12 mètres au-dessus du niveau de la mer. Elles sont très différentes de grandeur : trois ont jusqu'à 5 milles de longueur, une jusqu'à 3 milles de largeur, et elles servent de retraite à d'innombrables oiseaux qui les couvrent de leur fiente. Les tortues et les poissons que ces oiseaux apportent pour leurs petits ; enfin, des oiseaux morts, augmentent la masse de ces détritus. De ces matières, un guano s'est constitué ; il se présente en poudre fine et homogène dans l'île Baker, et sous forme de poudre recouverte de plaques dures dans l'île Jarvis. Ce dernier gisement est, d'autre part, riche en plâtre.

Ce qui caractérise le guano des îles Baker et Jarvis, comme du reste tous les guanos analogues, c'est l'évaporation ou la dissolution presque complète des matières organiques et des sels ammoniacaux qui caractérisent le guano normal. L'origine des guanos ammoniacaux et des guanos phosphatés est évidemment la même ; mais, soit abondance des pluies, soit action des vagues, quelques-uns ont subi une transformation qui modifie profondément le rôle qu'ils sont appelés à jouer dans les phénomènes de la fertilisation. Dans son intéressante notice *sur les gisements du guano dans les îlots et sur les côtes de l'Océan Pacifique,* M. Boussingault constate que c'est dans la zône où les pluies sont considérées comme un événement — entre Payta et le Rio-Loa — que sont situés les gisements de guano ammoniacal. Au-delà, plus au Nord comme plus au Sud de ces points extrêmes, le guano, exposé aux pluies tropicales, est généralement dépourvu d'ammoniaque, de sels solubles ; un sel insoluble a résisté, c'est le phosphate de chaux, la base et la substance surtout précieuse des guanos phosphatés. M. Boussingault estime que le phosphate de chaux des *huaneras* représente au moins 95 millions de quintaux métriques, ce qui correspond à la masse osseuse de *quatre billions d'hommes!*

La composition des guanos Baker et Jarvis est aujourd'hui très bien déterminée par les nombreuses analyses qui ont été faites en Amérique, en Allemagne et en France. Voici tout d'abord les résultats obtenus par M. de Liebig :

### Guano Baker.

| | |
|---|---|
| Phosphate de chaux $(3CaO, PhO^5)$........ | 78,798 |
| — de magnésie................ | 6,125 |
| — de fer...................... | 0,126 |
| Sulfate de chaux...................... | 0,134 |
| Acide sulfurique , potasse , soude , chlore, matière organique et eau............ | 14,950 |
| | 100,133 |

### Guano Jarvis.

| | | |
|---|---|---|
| Phosphate de chaux | $\left\{\begin{array}{l}3CaO, PhO^5 \ldots 17,397\\2CaO, PhO^5 \ldots 16,026\end{array}\right\}$ | 33,43 |
| — de magnésie................ | | 1,241 |
| — de fer...................... | | 0,160 |
| Sulfate de chaux...................... | | 44,549 |
| Acide sulfurique , potasse , soude , chlore , matière organique et eau............ | | 20,886 |
| | | 100,259 |

M. de Liebig s'exprime ainsi au sujet des guanos dont l'analyse vient d'être reproduite (1) :

« Ainsi qu'il résulte de ces analyses, le guano Baker est le plus riche de tous les engrais connus en acide phosphorique et approche de très-près, par sa substance, du phosphate naturel ; mais il en diffère par une propriété très remarquable ; le phosphate naturel est tout à fait insoluble dans l'eau ; le guano Baker a une constitution amorphe ; à l'état humide, il rougit le papier

(1) *Journal d'Agriculture pratique.* Année 1860, n° 19.

de tournesol et se dissout en quantité remarquable dans l'eau pure : il contient une certaine quantité de phosphate à l'état soluble. Le guano Jarvis réagit aussi comme acide, et une partie est également soluble dans l'eau.

Si, en analysant le guano Jarvis, on calcule la chaux combinée à l'acide phosphorique à l'état de sel tribasique de chaux et de sulfate, il reste 4 1/2 % d'acide sulfurique à l'état libre. On supposerait presque qu'on a ajouté à ce guano avant de l'expédier une certaine quantité d'acide sulfurique et qu'une partie du sel de chaux phosphorique a été convertie en superphosphate ; mais sa constitution extérieure contredit cette supposition, et d'ailleurs M. Sardy, à New-York, m'a affirmé de la manière la plus formelle que ce guano se trouve sur l'île Jarvis exactement dans l'état où je l'ai reçu et qu'aucune espèce de préparation n'a été faite avant son expédition.

Il faut, d'après cela, admettre comme certain que le guano Jarvis contient le phosphate de chaux de la pierre de Belugen ($PO^5 + 2CaO$) à l'état complet de formation, lequel, jusqu'à présent, n'avait été observé dans aucune espèce de guano comme principe composant.

J'ai fait une série d'expériences sur la quantité de phosphate provenant de ces guanos que de l'eau pure et de l'eau contenant du sel ordinaire absorbent.

Si on fait digérer 1,000 grammes de guano Baker et Jarvis avec 50 litres d'eau, le mélange contient les parties suivantes :

*50 litres d'eau dissolvent de 1,000 grammes.*

| | Guano Baker gr. | Guano Jarvis gr. |
|---|---|---|
| Acide phosphorique........ | 3,79 | 2,446 |
| Chaux................... | 8,41 | 10,122 |
| Acide sulfurique.......... | 11,63 | 22,875 |
| Magnésie............... | 0,82 | 1,379 |
| | 24,65 | 36,822 |

Si on mêle ces guanos avec une petite quantité d'eau ou si on laisse l'eau filtrer à travers, on obtient une dissolution plus riche en parties solubles, laquelle contient pour 10 litres :

|                         | Guano Baker. | Guano Jarvis. |
|-------------------------|:---:|:---:|
|                         | gr. | gr. |
| Acide phosphorique......  | 4,93 | 9,16 |
| Chaux................... | 11,55 | 27,49 |

Si on fait digérer du guano Baker et Jarvis, au lieu d'eau pure, avec l'eau contenant du sel ordinaire (sur 1,000 parties d'eau une partie de sel), la solubilité des phosphates en est considérablement augmentée, et 50 litres de cette faible dissolution de sel ordinaire dissolvent de 1,000 grammes de guano :

|                         | Guano Baker. | Guano Jarvis. |
|-------------------------|:---:|:---:|
|                         | gr. | gr. |
| Acide phosphorique......  | 4,765 | 5,884 |
| Chaux................... | 9,310 | 53,660 |
| Acide sulfurique........ | 12,412 | 73,158 |
|                         | 26,487 | 132,702 |

On remarque que le guano Jarvis, quoique moitié moins riche en phosphate que le guano Baker, donne à l'eau plus d'acide phosphorique soluble que ce dernier, ce qui évidemment provient de la quantité de phosphate duobasique qu'il contient, lequel dans tous les dissolvants est plus soluble que le sel de chaux tribasique.

Par l'augmentation du sel ordinaire dans le mélange la solubilité des sels phosphoriques n'est pas élevée comme l'expérience suivante le prouve.

100 grammes de guano Baker furent mouillés avec 22 centimètres cubes d'une dissolution saturée de sel ordinaire qui contenait 8 grammes de sel ordinaire dans laquelle on versa ensuite 5 litres d'eau.

Sur 1,000 grammes de guano Baker, il fut dissous :

| | |
|---|---|
| Chaux........................... | 8,540 |
| Acide phosphorique.............. | 3,198 |
| Acide sulfurique................ | 12,145 |
| | 23,883 |

Il semble résulter de cela que l'adjonction d'une petite quantité de sel ordinaire au guano Baker devrait en accroître l'efficacité, tandis que l'augmentation du sel ordinaire au-delà d'une certaine limite diminue plutôt qu'elle n'augmente la solubilité des phosphates. »

Le savant professeur de Munich s'exprime enfin dans les termes suivants, au sujet du guano Jarvis :

« Le guano Jarvis, d'après la quantité de phosphate qu'il contient, possède une valeur moindre comme article d'importation que le guano Baker... Mais le guano Jarvis est riche en plâtre dont il faut toujours tenir compte comme engrais, et enfin *l'acide phosphorique a, dans le guano Jarvis, une valeur agricole un peu plus élevée*, attendu que près de la moitié de celui-ci est contenue sous la forme d'un sel phosphorique soluble, de telle sorte que pour les betteraves et les trèfles, il ne devrait pas, dans ses effets, être au-dessous du guano Baker, quoique ceux de ce dernier auront, à poids égal, une durée double. »

Voici à quels résultats m'a conduit l'analyse du guano Jarvis (1).

Cette matière est un mélange de poudre, de plaques dures et de fragments stratifiés assez friables. Les plaques ont le caractère

______

(1) Dans le travail de M. Boussingault auquel j'ai fait allusion plus haut, mon analyse du guano Jarvis est, par une erreur typographique, attribuée au type Baker, et l'analyse du guano Baker faite par M. Barral est attribuée au type Jarvis.

tantôt porcelanique, tantôt semi-laiteux, que j'ai constaté déjà sur des guanos de nature analogue. Parfaitement séchés dans une étuve à 100 degrés, ces fragments conservent leur aspect. En détachant les stalagmites qui recouvrent les plaques, j'ai reconnu qu'ils devaient leur apparence semi-transparente à l'hydratation du phosphate de chaux, évidemment précipité d'une manière très lente. Le phosphate ainsi hydraté ne peut en effet perdre son eau qu'à la température rouge, et les plaques dures du guano Jarvis en contiennent encore 11 et 12 % que les analystes ont souvent confondus avec de la matière organique, lorsqu'ils ont pratiqué l'incinération de l'engrais simplement séché à l'étuve. On peut comprendre cet état physique du phosphate de chaux en se reportant aux phénomènes qui ont amené successivement l'évaporation des substances azotées du guano. Ces phénomènes ont dû causer la dissolution partielle du phosphate de chaux, puis ultérieurement sa précipitation lente par de l'ammoniaque mis en liberté : de là l'explication des stalagmites et de l'hydratation si favorable à la solubilité de l'engrais dans le sol.

· Indépendamment de cette cause très vraisemblable d'hydratation, il ne faut pas oublier que le phosphate bibasique trouvé par M. de Liebig dans ce guano renferme de l'eau de constitution. A tous égards il faut donc se garder de considérer comme substance organique toute la matière volatile que renferme l'engrais après sa dessiccation à la température de 100 et quelques degrés centigrades.

Le phosphate de chaux du guano Jarvis est très assimilable. Je saisis cette occasion pour insister sur ce principe que *l'assimilation n'est point le fait de la texture pulvérulente de la substance ;* on pourrait arriver à obtenir cette texture et même une extrême finesse, *alors que, par sa nature propre, la molécule resterait dure et difficilement attaquable.* La faculté de se dissoudre facilement tient ici à la nature intime de la substance, et ce que je dis là s'applique d'une manière générale à tous les engrais riches en principes inorganiques. Voici les chiffres de mon opération :

| Guano Jarvis séché à 105°. | Poudre. | Fragments. |
|---|---|---|
| Substances organiques et eau non volatile à 105°..................... | 20,80 | 18,50 |
| Sulfate de chaux anhydre............ | 30,00 | 5,00 |
| Phosphate de chaux et de magnésie... | 43,23 | 73,00 |
| Résidu siliceux..................... | 2,00 | 1,00 |
| Matières complémentaires et perte.... | 4,00 | 2,50 |
| | 100,00 | 100,00 |

La poudre normale renferme 16,1 °/₀ d'eau et les fragments 10,3 °/₀. Il en résulte que le phosphate réel, c'est-à-dire livré à l'acheteur, doit-être réduit par le calcul. Il s'élève à 36,24 dans la poudre et 65,48 dans les fragments. Or, si nous nous reportons à la proportion relative de la poudre et des fragments, nous trouvons d'après la détermination spéciale que j'ai effectuée :

Poudre $\frac{62}{100}$ à 36,24 de richesse, soit................ 22,46

Fragments $\frac{38}{100}$ à 65,48........................ 24,88

Ou phosphate réel du guano Jarvis livré à l'agriculteur. 47,34 °/₀

Sur la même substance séchée à 105° la richesse est de 54,52 de phosphate de chaux. La composition de cette matière est du reste variable : ainsi M. Favre y a trouvé 55,77 ; M. John Torrey 69 ; M. Malaguti 39,95, et enfin M. de Liebig (1) 39 de phosphate pour cent de matière sèche. Ces chiffres conduisent à une moyenne de 51,64 pour °/₀ de matière séchée à 100 degrés.

J'arrive au guano Baker.

Cette substance, dont le phosphate est également très assimi-

(1) Les 34,83 de phosphates mentionnés dans l'analyse de M. de Liebig s'appliquent au guano normal à 12 °/₀ d'humidité.

lable, a été analysée à différentes reprises. Voici les principaux résultats qu'elle a fournis pour 100 parties de matière séchée à 100 degrés :

| Noms<br>des analystes. | Dose<br>des phosphates. |
|---|---|
| De Liebig.......................... | 88,50 |
| Malaguti.......................... | 88,75 |
| Payen........................... | 89,00 |
| Barral........................... | 91,60 |
| Bobierre (échantillon reçu d'Amérique).. | 89,20 |
| Id.    (chargement importé à Nantes). | 86,20 |
| Moyenne........... | 88,87 % |

L'humidité de cet engrais m'a paru varier de 3 à 11 %.

Consulté sur l'emploi des guanos Baker et Jarvis, j'ai exprimé quelques pensées dont j'extrais les conclusions générales. Elles ont trait, du reste, à la plupart des guanos phosphatés :

« Il n'y a pas d'engrais dont l'emploi ne puisse être infructueux sous l'influence de pratiques inintelligentes. Certains sols ont une si remarquable aptitude pour dissoudre et transformer le phosphate calcaire, qu'il n'y a pas toujours nécessité de provoquer l'entraînement de celui-ci par l'adjonction de substances organiques facilement décomposables. Dans ces variétés de sol, des fragments grossiers de noir d'os ne renfermant que 8 % de carbone dépourvu de matière azotée, sont facilement dissous et engagés dans des combinaisons nouvelles ; en pareil cas, je ne doute pas que les guanos Baker et Jarvis, *employés tels quels,* ne réussissent d'une manière complète. En sera-t-il de même dans les sols dont l'aptitude dissolvante pour les phosphates est moindre, et où l'expérience nous démontre qu'il faut introduire corrélativement des substances azotées? On peut en douter. Il est donc prudent — au moins provisoirement — de conseiller, dans ce cas, l'adjonction, aux guanos Baker et Jarvis, de fumier, de poudrette, de sang, de bouillons d'équarrissage, de tourbe animalisée, voire même de guano du Pérou. *Il faudra, en un mot, se baser sur la connaissance des noirs qui conviennent à une localité pour déterminer, à priori, si les guanos Baker et Jarvis doivent être employés seuls ou associés à des matières organiques.*

» Les habitudes prises en Bretagne, et qui sont basées sur des résultats longuement étudiés, motiveront, dans mon opinion, une préférence très marquée en faveur de la provenance de l'île Baker. La quantité d'acide phosphorique contenue dans cet engrais est, en effet, très abondante, puisqu'elle représente une proportion de phosphate d'os approchant de 87 °/₀, et puisque, d'autre part, on peut regarder le phosphate calcaire contenu dans le guano Baker comme ayant une puissance d'action relativement très grande en raison de son mode d'agrégation physique et chimique.

. . . . . . . . . . . . . . . . . . . . . . . . . . . . . . . . . . . . . . . . . . . . . . . . . . . . . . . . . .

» A l'avance, on peut affirmer que la consommation sera satisfaite du guano Baker ; mais *ce que l'expérience seule permettra de déterminer,* c'est la valeur commerciale du phosphate qu'il renferme. Les prix généralement attribués à tel ou tel principe fertilisant, azote, phosphate de chaux, etc., ne sont point, en effet, des éléments invariables de calcul, et il convient de remarquer que, selon leur origine et leur mode d'agrégation, ces principes ont un effet plus ou moins rapide dans le sol, *donc un prix variable.* Je crois, dès lors, qu'il y a intérêt, pour éclairer ce point intéressant du problème, à provoquer des essais comparatifs aussi nombreux que possible.

» Je crois, enfin, qu'il ressortira promptement des essais effectués, que le guano du Pérou sera d'un emploi beaucoup plus avantageux que par le passé, si on le mélange au guano Baker. Il poussera moins à la paille dans les terres granitiques et schisteuses ; son action sera plus durable, et la quantité du grain en sera augmentée. » ]

Nous n'avons pas encore terminé, Messieurs, l'examen des sources d'acide phosphorique auxquelles l'industrie agricole emprunte ses moyens actuels de fertilisation. L'exploitation des os fossiles, des *coprolithes* et des concrétions phosphatées analogues doivent être, désormais, l'objet de notre attention. Dans une prochaine réunion, nous aborderons cet intéressant sujet, mis en lumière avec tant de science et d'autorité par M. Elie de Beaumont.

# SIXIÈME LEÇON.



MESSIEURS,

L'utilité agricole des débris osseux de l'animal vous est démontrée. Il nous importe de rechercher désormais quelles transformations peuvent subir ces débris lorsque, par leur séjour dans le sol, ils éprouvent les influences de la *fossilisation*.

D'accord en cela avec les maîtres de la science, je désignerai par *fossilisation* le phénomène qui se rattache aux *changements* par lesquels un corps, jadis vivant, a passé d'une époque à d'autres époques, en laissant dans les couches terrestres des traces impérissables de sa forme caractéristique.

Ce qu'il faut mentionner à cet égard, c'est que, pour qu'un corps soit susceptible de laisser dans les couches du sol des traces durables de son existence, il ne suffit pas que sa dureté et sa consistance lui permettent de résister à l'action mécanique des milieux environnants et de conserver ainsi sa forme, jusqu'à ce que la consolidation soit opérée dans les sédiments où il se trouve enfoui; il faut encore que sa composition chimique soit telle qu'il puisse en même temps échapper à la décomposition organique et que la dissolution de chacune de ses parties ne soit pas immédiate après sa mort. Cette loi générale admise, nous pouvons aborder l'examen des faits intéressants pour l'agriculture, auxquels la fossilisation a donné lieu.

Il y a des couches considérables de l'écorce du globe qui sont constituées par les enveloppes solides d'animaux inférieurs. Formées par les dépouilles d'innombrables générations, ces couches sont exploitées aujourd'hui, soit comme amendements utilisés pour l'amélioration des cultures, soit même comme des matériaux de construction. Dans 45 grammes environ d'une pierre des montagnes de Casciana, en Toscane, Soldani a recueilli dix mille quatre cent cinquante-quatre coquilles cloisonnées microscopiques. Quatre ou cinq cents de ces coquilles ne pesaient que $0^g,054$, et parmi ces espèces, il en est une dont mille individus atteindraient à peine ce poids !

Les tripolis d'origine sédimentaire sont quelquefois complètement formés d'animaux infusoires à carapace siliceuse, comme, par exemple, ceux de Bilin, en Bohême. M. Ehremberg a calculé que 27 millimètres cubes de tripoli de cette localité pouvaient contenir jusqu'à 41 millions de ces infusoires à test siliceux !

Il existe en Auvergne des surfaces immenses de terrain où les couches de gravier, de sable, d'argile et de calcaire, se sont entassées à une profondeur de 250 mètres environ. Or, le caractère foliacé des marnes de cette formation est dû à la dépouille de myriades de *cypris* qui donnent à la substance marneuse la propriété de se diviser en feuillets aussi minces que du papier.

Dans l'ardoise oolithique de Stonesfield, près d'Oxford, un seul lit de schiste calcaire et sablonneux, de $1^m90$ d'épaisseur environ, offre un mélange confus de plantes et d'animaux terrestres avec des coquilles marines.

Faut-il, Messieurs, citer d'autres exemples. Je pourrais vous montrer quelques-unes des pyramides de l'Egypte, construites avec un calcaire rempli de *nummulites;* d'immenses carrières des environs de Paris, formées par des *millioles* — petites coquilles dont la grosseur n'excède pas celle d'un grain de millet. En

rassemblant les nombreux témoignages matériels d'existences
éteintes, il me serait facile de vous prouver que les ossements
fossiles des animaux supérieurs n'ont pas une aussi grande importance industrielle et agricole que les débris d'animaux inférieurs,
dont la statistique effraie l'imagination la plus hardie ; mais
arrêtons-nous sur la pente où nous entraîneraient de telles études,
bien faites pour éveiller les méditations du philosophe et du
technologiste. Constatons cependant, avec Buckland, que s'il est
une chose digne d'étonnement, c'est que le genre humain soit
demeuré pendant tant de siècles dans l'ignorance de ce fait,
maintenant complètement démontré, qu'une portion considérable
de la surface actuelle du globe a été formée par les débris des
animaux dont les anciennes mers étaient peuplées. Il existe —
ajoute le même auteur — de vastes plaines et d'énormes montagnes qui ne sont pour ainsi dire que les charniers (1) immenses
des précédentes générations, où les débris pétrifiés des animaux
et des végétaux éteints se sont amoncelés pour former de
merveilleux monuments. Ces monuments nous attestent le travail
de la vie et de la mort durant des périodes d'une énorme
étendue.

Cuvier, appréciant ces curieux phénomènes naturels avec son
immense génie, déclare « qu'à la vue d'un spectacle si imposant,
si terrible même — celui des débris de la vie formant presque
tout le sol sur lequel portent nos pas, — il est bien difficile de
retenir son imagination sur les causes qui ont pu produire de si
grands effets (2). »

Si, de ces considérations générales et grandioses, nous descen-
dons aux applications toutes spéciales dont l'examen doit être
avant tout l'objet de nos réunions, nous trouverons un ensemble
de faits bien dignes d'éveiller une légitime curiosité.

(1) Ou plutôt les ossuaires. — A. B.
(2) *Rapport sur les progrès des Sciences Naturelles*, in-8°, 1810,
page 196.

Ce n'est pas seulement aux actions physiques et chimiques ayant' eu pour effet la désagrégation des roches phosphatées cristallines, que les terres doivent le phosphate assimilable, dont l'analyse, aussi bien que la végétation, nous révèlent la présence. Dans certaines couches du sol, en effet, il y a de véritables ossuaires où se trouvent réunis, en amas confus, des os dispersés et des fragments brisés de squelettes d'animaux. Or, quelle que soit la période géologique pendant laquelle ces os ont été ensevelis, que les animaux dont ils proviennent aient été antérieurs à l'existence de l'homme ou contemporains de son existence, il n'en est pas moins vrai que de tels gisements méritent d'être étudiés avec soin au point de vue des intérêts de l'agriculture.

M. Alcide d'Orbigny (1) a observé, à côté de l'immense chaîne des Andes, l'amas considérable d'os fossiles de Buenos-Ayres formé sur une surface d'environ *quatre-vingt-quinze mille kilomètres carrés de superficie* de limon rougeâtre enveloppant tantôt des squelettes entiers, tantôt des os séparés de mammifères. Pour ce géologue il y a, dans une telle accumulation, la preuve que des perturbations géologiques seules ont pu déterminer l'anéantissement de races animales qu'un charriage pur et simple, sous l'action des affluents terrestres, expliquerait difficilement.

Quoi qu'il en soit, considérez, Messieurs, le spectacle frappant, pour l'économiste, de ces pampas dont l'herbe est couverte par les ossements d'animaux modernes, et dont les profondeurs recèlent les débris phosphatés de générations lointaines. Os récents, os modifiés par la fossilisation, tout cela doit rentrer au même titre dans le torrent de la circulation organique : vous n'en doutez plus.

---

(1) *Géologie de l'Amérique méridionale,* pag. 72, 81.

CAVERNE DE GAILENREUTH, EN FRANCONIE.

Lorsque la découverte de débris fossiles ne conduit qu'à la constatation de quantités minimes d'acide phosphorique, elle a encore son intérêt, son utilité incontestable ; en voici une preuve entre autres :

M. Guillemin, ingénieur des mines dans le département de l'Allier, mentionnait, en avril 1857 (1), que, dans les localités de Noyant, de Messarges, de Souvigny, de Gypey et de Mellier, il existe, à la partie supérieure des terrains houillers, des couches d'un calcaire gris compacte alternant avec des schistes argileux et bitumeux. Or, ce calcaire est rempli de débris d'animaux : dents, os, écaille, et il donne à l'analyse :

|  | CALCAIRE de Souvigny. | CALCAIRE de Messarges. |
|---|---|---|
| Carbonate de chaux.......... | 62,00 | 76,05 |
| Phosphate de chaux ......... | 3,55 | 7,50 |
| Carbonate de fer............ | 3,45 | 8,80 |
| Silex et argile.............. | 30,00 | 7,05 |
| Bitume...................... | 1,00 | 0,60 |
|  | 100,00 | 100,00 |

La chaux qu'on obtiendrait de ces calcaires contiendrait donc 5 et 12 centièmes de phosphate de chaux. Or, si vous avez encore présentes à la pensée les données générales sur lesquelles je me suis appesanti dans les premières conférences de ce cours, au sujet de certains terrains fertiles, vous vous expliquerez facilement, Messieurs, que les recherches géologiques et chimiques puissent ouvrir à l'agriculture des horizons immenses.

Dans ses savantes études, destinées à vulgariser les notions relatives à l'existence de l'acide phosphorique à l'état de gisement, M. Elie de Beaumont a résumé avec soin les nombreuses recherches effectuées en Angleterre pour mettre les os fossiles à

(1) *Journal d'Agriculture pratique*, 4ᵉ série, T. VII, pag. 334.

la portée de l'agriculture. Ce savant géologue a successivement retracé les tentatives faites pour extraire du *crag* de Suffolk et de Norfolk des ossements d'animaux antédiluviens.

Le *crag* supérieur de Suffolk renferme des ossements d'éléphant fossile, de rhinocéros, de bœuf, etc. On les trouve mélangés avec du sable et du gravier à 70 ou 80 centimètres de profondeur. M. Wiggins annonçait, en 1848, qu'on avait déjà extrait plus de 300 tonnes de ces matières destinées à la fabrication du superphosphate de chaux.

En 1822, dit M. Elie de Beaumont, MM. Buckland et Conybeare avaient signalé dans les petites falaises qui bordent le canal de Bristol à Aust-Cliff, près l'embouchure de l'Avon, une couche de *lias* inférieure tellement riche en débris d'ichthyosaurus et d'autres grands sauriens, qu'elle constitue un véritable conglomérat ossifère. Vous voyez, Messieurs, que les ossements peuvent exister sous forme de couches. C'est ce qu'en Angleterre on nomme *bonc-bed*.

Le professeur Buckland a également trouvé des ossements fossiles d'hyènes et autres animaux dans le sol du Yorkshire. Depuis cette époque, on a fouillé avec le plus grand soin tous les amas analogues, et M. Thompson, de Bristol, constatait, en 1851, que des centaines d'ouvriers étaient chaque jour occupés à extraire des os fossiles et des matières phosphatées qui s'en rapprochent, sur les côtes de Suffolk, de Norfolk et d'Essex. « Le produit de quelques arpents en os fossiles, dit aussi M. Thompson, a quelquefois égalé la valeur d'un petit domaine. »

L'importance agricole des os fossiles étant démontrée par les faits, nous devons nous occuper de leur composition.

Les échantillons des carrières d'os du voisinage de Sutton (Suffolk) sont tantôt spongieux et friables, tantôt fibreux et résistants. Ces derniers peuvent prendre assez promptement un beau poli, et leur porosité n'est appréciable qu'au microscope. Leur analyse fournit les chiffres suivants :

|  | **1.** | **2.** |
|---|---|---|
| Eau extraite de 150° à 170° cent............... | 3,361 | 2,912 |
| Eau et matières organiques volatilisées à la température rouge............................ | 4,351 | 3,351 |
| Carbonate de chaux......................... | 27,400 | 26,800 |
| Carbonate de magnésie..................... | 0,371 | 0,286 |
| Sulfate de chaux........................... | 0,514 | Traces |
| Phosphate de chaux uni à un peu de phosphate de magnésie............................. | 49,632 | 56,966 |
| Phosphate de fer.......................... | 6,600 | 4,800 |
| Phosphate d'alumine....................... | 3,400 | 4,638 |
| Fluorure de calcium....................... | 3,617 | Indéterminé |
| Acide silicique............................ | 0,626 | 0,098 |
|  | 99,872 | 99,861 |
| Azote sur 100 parties..................... | 0,1244 | Indéterminé |

Trois autres échantillons, provenant des mêmes localités, et destinés à la pulvérisation, puis à la transformation en superphosphate, ont fourni 58, 61 et 62 centièmes de phosphate de chaux basique. L'azote, négligé pour le premier échantillon, a été dosé dans les deux autres. Sa quantité était de 0,0838 et 0,0482 pour 100 parties (1).

En général, on a constaté, en Angleterre, que les phosphates et le fluorure de calcium sont plus abondants dans les os durs que dans ceux dont la contexture est spongieuse.

Voici enfin quelques analyses d'os fossiles effectuées par M. Fremy :

(1) Thompson J. Herapath. *Journal of the agricultural Society of England*, T. XII, 1ᵉ partie.

| NOMS DES OS. | MATIÈRE organique. | PHOSPHATE de chaux. | PHOSPHATE de magnésie. | CARBONATE de chaux. | MATIÈRE siliceuse et fluorure de calcium |
|---|---|---|---|---|---|
| Bœuf fossile des cavernes d'Oreston.... | 10.3 | 71.1 | 1.5 | 11.8 | » |
| — (partie spongieuse)....... | 8.0 | 63.3 | 1.2 | 5.2 | 17.2 |
| Rhinocéros fossile de Sansan (Gers).... | traces | 59.0 | » | 41.3 | 2.6 |
| Hyène fossile des cavernes de Kirkdale.. | 20.0 | 72.0 | 1.3 | 4.7 | » |
| Rhinocéros fossile (dents)........... | » | 65.2 | 0.7 | 13.8 | 14.5 |
| Mastodonte fossile (défense).......... | » | 56.5 | 0.7 | 13.1 | 24.3 |
| Ours fossile (partie dense).......... | » | 59.7 | 0.4 | 23.6 | 9.8 |
| — (partie spongieuse)....... | » | 23.1 | 1.2 | 67.5 | 14.0 |
| Tortue fossile (vertèbres)........... | » | 61.1 | 0.7 | 10.6 | 18.6 |

L'examen de ces résultats prouve, Messieurs, que dans un os fossile, le tissu organique a été plus ou moins détruit et remplacé par diverses matières minérales distinctes, selon les terrains au sein desquels la fossilisation s'est opérée. La portion subsistante de ce tissu a toutefois conservé ses propriétés caractéristiques ordinaires, et il peut, comme l'osséine fraîche, se transformer facilement en gélatine.

A ce sujet, permettez-moi, Messieurs, de vous raconter une anecdote. Il s'agit d'un fait mentionné par M. Payen, et qui prouve la conservation de la substance organique dans le tissu osseux, malgré des influences destructives longtemps prolongées. M. de Gimbernat, ayant traité par l'acide chlorhydrique faible des fragments d'os fossiles du *mammouth de l'Ohio et de l'éléphant de Sibérie*, parvint à en extraire la substance animale qu'il transforma ensuite en gélatine. Cette gélatine tout à fait semblable à celle qu'on eut extrait des os frais de boucherie, fut servie sur la table du préfet du Bas-Rhin. Cela se passait en 1814. Ainsi, une matière animale organisée avant le déluge, servait à la nourriture de nos contemporains !... Je rappellerai à cette occasion, que les os d'hommes et d'animaux tirés des pyramides d'Égypte, renferment encore, après trois mille ans, tout le tissu cellulaire qui leur est propre (1), et je vous ferai remarquer, Messieurs, pour en terminer avec ces considérations générales sur la fossilisation, que par la nature des substances déposées dans le tissu de l'os ou substituées à sa propre substance, le géologue et le chimiste trouvent des indices du terrain où se sont effectuées les transformations qu'ils étudient.

[M. Delesse (2) a établi que les corps organisés fossiles renferment tous une notable proportion d'azote. Divers os de vertèbres fossiles ont été analysés par ce savant. Il a constaté tout d'abord qu'un os humain provenant des catacombes de Paris et dont l'origine remontait à plus d'un siècle, renfermait encore 32,25 millièmes d'azote. Il y en avait seulement 0,89, pour le mégathérium, 0,41, pour le palœothérium du gypse parisien et moins de 0,20, pour les sauriens appartenant à l'époque du lias.

Les dents et les défenses qui sont plus compactes que les os et généralement protégées par de l'émail, conservent beaucoup mieux leurs matières organiques. Une dent de l'hyène des cavernes contenait 26,95 millièmes d'azote ; il y en avait encore 0,84 dans le *Bone-bed*, qui est en grande partie formé de dents de poissons, et qui se trouve à la partie supérieure du Keuper.

Les défenses conservent moins bien leurs matières organiques que les dents, car dans une défense du Mastodonte du calcaire miocène de Sansan, il y avait seulement 0,56 d'azote.

Les enveloppes calcaires des mollusques appartenant à différentes époques géologiques, ont été également essayées. Leur proportion

---

(1) Sur la demande de l'Académie d'agriculture, j'ai analysé en 1817 une terre qui, depuis un temps immémorial, donnait d'excellentes récoltes en grain sans avoir jamais été fumée. Elle contenait de petits morceaux d'os, et en la faisant bouillir pendant longtemps avec de l'eau, j'obtins une dissolution qui précipitait par l'infusion de noix de Galles. On a conjecturé d'après cela que le lieu d'où elle provenait avait été autrefois un champ de bataille. Berzélius. *Traité de chimie.*

(2) *Comptes-rendus de l'Académie des sciences,* n° 8. Août 1860.

d'azote varie peu et elle est toujours très faible. Ainsi, dans les cérites tertiaires, dans les mollusques des faluns, dans les polypiers du terrain Dévonien, dans le rostre des Bélemnites, la proportion d'azote varie peu et reste inférieure à 0,20].

Mais la science, Messieurs, ne s'est pas bornée à éclairer l'industrie et l'agriculture sur les gisements de phosphates provenant de l'enfouissement des os ; elle a fait plus, et il appartenait à la géologie en particulier de démontrer encore une fois la sublime prévoyance de la nature, qui tient en réserve, pour les besoins de l'humanité, des trésors inappréciables. A côté des débris fossiles de ces gigantesques reptiles — l'*ichthyosaurus* et le *plesiosaurus*

ICHTHYOSAURUS COMMUNIS.

(1) — que M. Buckland a si bien étudiés dans les dépôts voisins de la série secondaire du globe, ce savant géologue a découvert, en effet, de véritables excréments fossiles riches en phosphate de chaux. Sous le nom de *coprolithes*, ils sont aujourd'hui assez bien

(1) Il y a tant d'espèces de *sauriens* fossiles, que nous ne pouvons qu'en choisir quelques-uns des plus remarquables pour faire connaître quelles conditions dominaient l'animalité à cette époque où la classe des reptiles occupait le sommet de l'échelle animale, atteignant souvent des dimensions *dont rien n'approche parmi les divers ordres actuels,* et qui semblent caractériser le *moyen âge* de la chronologie géologique qui sépare les formations de transition des formations tertiaires. — Buckland. *La Géologie et la Minéralogie dans leurs rapports avec la Théologie naturelle.*

connus pour qu'il me soit possible d'appeler votre attention sur leur structure et leur composition chimique.

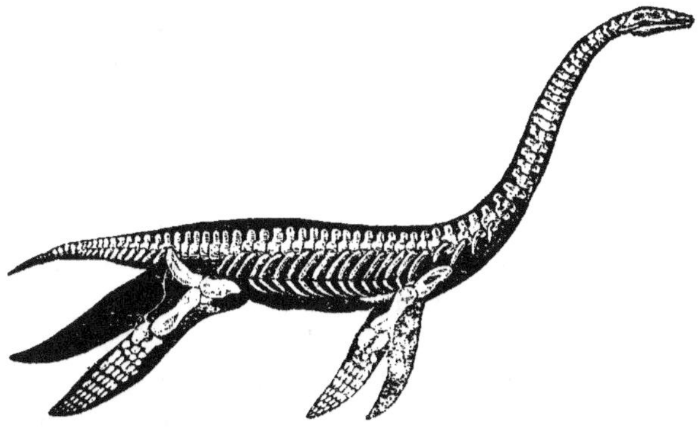

PLESIOSAURUS DOLICHODEIRUS.

Je dois toutefois, Messieurs, faire ici une réserve. On a souvent confondu et on confond encore, sous le nom générique de coprolithes, des masses noirâtres trouvées dans des couches et dans des conditions identiques, mais dont l'origine n'est pas cependant toujours la même. De là les noms de *coprolithes* — véritables excréments fossiles, — et de *pseudo-coprolithes* — masses phosphatées d'origine vraisemblablement organique, mais ayant subi des modifications souvent nombreuses avant d'affecter la forme des *nodules* et que nous trouvons fréquemment aujourd'hui. — Examinons tout d'abord les coprolithes proprement dits :

C'est en 1822 que M. Buckland, en explorant la caverne de Kirkdale, dans le Yorkshire, où il découvrit de nombreux ossements fossiles, y trouva aussi des excréments d'hyènes parfaitement reconnaissables et dans lesquels abondait le phosphate de chaux, ainsi que cela est naturel pour les animaux dont la nourriture se compose en partie des ossements qu'ils rongent (1).

Quelque temps après le 6 février 1829, M. Buckland fit connaître la découverte qu'il avait également faite de nombreux coprolithes

(1) Buckland. *Reliquiæ Diluvianæ,* 1823.

— *fossil fæces* — provenant du lias du Lyme-regis (Dorsetshire), et la description donnée par ce savant (1) permettait non-seulement de connaître par l'analyse chimique l'origine de la substance coprolithique, mais encore d'étudier, de spécifier même, en raison de ses formes, le volume et l'intestin des reptiles qui l'avaient produite.

J'avoue, Messieurs, que le mémoire si intéressant de M. Buckland, que j'ai en ce moment sous les yeux, rend ma tâche difficile. Je voudrais pouvoir vous relater mille détails cités par ce savant, et je sens néanmoins qu'il me faut borner cette exposition à des données générales. Je laisserai parler M. Buckland lui-même ; voici ce qu'il dit des coprolithes :

« Au milieu des variations de leur volume et de la multiplicité de leurs formes, les coprolithes offrent l'apparence générale de cailloux oblongs ou de pommes de terre réniformes ; leur longueur est ordinairement de deux à quatre pouces, et leur diamètre de un à deux. On en trouve, mais en petit nombre, qui sont beaucoup plus grands et en proportion avec la taille gigantesque des plus grands ichthyosaures ; il y en a de plus petits, qui offrent les mêmes rapports avec de jeunes individus de la même espèce et avec des poissons de petite taille ;

COPROLITHE
DE POISSON.

leur couleur ordinaire est le gris cendré, parfois mêlé de noir ; d'autres fois, ils sont entièrement noirs. Leur substance offre une texture terreuse, compacte, pareille à celle de l'argile durcie, et leur cassure est conchoïdale et luisante. La coupe de ces excréments arrondis fait voir qu'ils ont été moulés en une lame aplatie et contournée en spirale du centre à la circonférence. Leur extérieur offre la trace des rides et des impressions les plus légères qu'ils ont dû recevoir alors qu'ils étaient à l'état plastique dans les intestins des animaux vivants.

» Les coprolithes contiennent en abondance, et dispersés irrégulièrement, des écailles et souvent des dents et des os de

(1) Buckland. *Transactions de la Société Géologique de Londres*, 1829, volume III, page 224.

poissons, qui ont traversé, sans être détruits par la digestion, le tube intestinal tout entier des sauriens, de la même manière que l'émail des dents et certains fragments d'os, qui n'ont pu être digérés, se retrouvent dans les excréments des hyènes, soit à l'état récent, soit à l'état fossile. »

Et plus loin :

« L'origine de ces fossiles singuliers est suffisamment établie par la fréquence avec laquelle on les rencontre dans la région abdominale des squelettes fossiles d'ichthyosaures. Un échantillon, donné par le vicomte Cole à la collection géologique de l'université d'Oxford, offre une preuve sans réplique que les coprolithes ne peuvent être considérés comme des matières étrangères accidentellement mises en contact avec les corps organisés fossiles, puisque cette grande masse coprolithique est complètement enfermée dans la cavité que forment la colonne vertébrale et les deux séries droite et gauche des côtes, dont le plus grand nombre a conservé, à peu de chose près, sa position naturelle.

» Dans ces faits, dit en terminant M. Buckland, nous avons rencontré des témoignages qui nous permettent d'affirmer la présence d'arrangements pleins d'utilité et d'admirables compensations jusque dans les organes si périssables, mais en même temps si importants, qui concourent à opérer les fonctions digestives. Nous avons pu reconnaître avec certitude la nature de leurs aliments, la forme et la texture de leur canal intestinal; nous avons pu dessiner leur tube digestif dans les trois formes successives qu'il subit d'une extrémité à l'autre de sa longueur : d'abord, estomac volumineux et prolongé ; puis iléum aplati et contourné en spirale jusqu'à ce qu'il se termine en un cloaque d'où les coprolithes tombaient dans la vase qui donna naissance au lias. Là, ils sont demeurés ensevelis pendant des siècles sans nombre, jusqu'à ce que la main des géologues ait été les arracher aux profondeurs où ils étaient enfouis, pour les appeler à rendre témoignage des événements qui se sont accomplis au fond des mers primitives durant les longues périodes antérieures à l'avénement de l'homme sur la terre. »

Je dois mentionner également, Messieurs, que les coprolithes des diverses classes d'animaux ne diffèrent pas seulement par leur forme, ils ont aussi des compositions chimiques distinctes. Il y a, sous ce dernier rapport, une très notable différence entre les coprolithes des mammifères, ceux des oiseaux et ceux des reptiles. En les comparant entre eux, on reconnaît que les coprolithes des mammifères diffèrent peu de ceux des poissons. Dans les coprolithes de reptiles, la quantité de phosphate et de carbonate calcaire paraît moindre; enfin, les coprolithes d'oiseaux sont caractérisés par l'acide urique (1). [M. Delesse a reconnu (2) que les principes organiques de ces curieuses substances ont assez bien résisté à la fossilisation, puisque, dans un coprolithe du *tourtia,* il y avait 0,37 d'azote; il y en avait encore 0,33 dans un coprolithe de saurien qui était très ancien et remontait au Muschelkalk.

M. Thompson Herapath (3) a publié les analyses suivantes, qui offrent un véritable intérêt :

| PRINCIPES CONSTITUANTS. | COPROLITHE DU LYME REGIS. | |
|---|---|---|
| Eau......... | 6.182 | 3.976 |
| Matières organiques......... | | 2.001 |
| Chlorure de sodium et sulfate de soude......... | traces | » |
| Carbonate de chaux......... | 23.674 | 28.121 |
| Carbonate de magnésie......... | » | 0.423 |
| Sulfate de chaux......... | 1.077 | 0.026 |
| Phosphate de chaux......... | 60.769 | 53.996 |
| Phosphate de magnésie......... | traces | |
| Phosphate de fer......... | 4.057 | 6.182 |
| Phosphate d'alumine......... | traces | 1.276 |
| Sesquioxyde de fer......... | 1.994 | » |
| Alumine ......... | traces | » |
| Acide silicique, fluorure de calcium et perte..... | 1.552 | 0.738 |
| | 100.000 | 100.000 |
| Azote......... | 0.082 | non dosé |
| Densité......... | 2.700 | 2.799 |

(1) Alcide d'Orbigny. *Paléontologie.*
(2) *Loc. citato.*
(3) *Loc. citato.*

On m'a récemment communiqué les deux analyses suivantes,
qui se rapportent à des livraisons importantes :

*Coprolithes de Cambridge.*

| | |
|---|---|
| Humidité........................ | 8,00 |
| Matières organiques............... | 3,00 |
| Silice........................... | 9,00 |
| Phosphate de chaux............... | 77,70 |
| Carbonate de chaux............... | 2,30 |
| | 100,00 |

*Coprolithes de Suffolk.*

| | |
|---|---|
| Eau combinée.................... | 10 |
| Sable, oxyde de fer............... | 21 |
| Carbonate de chaux............... | 10 |
| Phosphate de chaux............... | 56 |
| Fluorure de calcium, sulfates et chlorures, alcalins.................... | 3 |
| | 100,0 |

Ces matières, peu chargées de carbonates, sont très convenables
pour la préparation des superphosphates.]

Ai-je besoin d'ajouter que ces coprolithes dans lesquels on rencontre des proportions de phosphate de chaux qui dépassent **77**
centièmes, constituent une matière utilisable en agriculture ? C'est
presque une superfétation. Nous les voyons, en effet, convertis
chaque jour, par nos voisins, en superphosphate et concourant à
apporter dans les cultures du XIXᵉ siècle de véritables poudrettes
empruntées aux animaux qui existaient avant l'apparition de
l'homme sur la terre. Il y a toute une révélation de la haute
portée des études géologiques dans la simple relation de ces faits
intéressants.

# SEPTIÈME LEÇON.



MESSIEURS,

Admettez pour un instant que des détritus animaux accumulés sous les influences des perturbations géologiques, aient été soumis à des actions décomposantes; admettez aussi que l'acide carbonique et des véhicules analogues ayant réagi sur les phosphates enfouis, ceux-ci aient cheminé dans les couches du sol en obéissant à l'action de courants divers, il pourra arriver qu'en présence de cette dissolution de phosphates acides, des masses calcaires interviennent avec leurs affinités spéciales. La chaux de ces calcaires se combinant avec l'acide phosphorique, une véritable précipitation de phosphate basique pourra avoir lieu. Le groupement alternatif de la chaux, sous forme de carbonate et de phosphate basique, motivera une conversion pseudo-morphique, de telle sorte que la constitution des nodules phosphatés deviendra facile à interpréter. Telle est du moins l'hypothèse admise par Buckland au sujet des pseudo-coprolithes, qui, déplacés après leur formation, ont pu, selon cet auteur, être accumulés par myriades au fond des mers basses, où se trouve actuellement la côte de Suffolk. Là, dit ce savant géologue, ils furent longtemps roulés et confondus avec les os de grands mammifères et de poissons et avec les coquillages de mollusques. Du fond de ces mers, ils furent enfin soulevés et formèrent les terres sèches qui bordent les côtes de Suffolk. Si les pseudo-coprolithes ont un aspect qui rappelle celui des matières roulées, vous voyez que tout s'unit pour l'expliquer parfaitement.

Si j'ajoute, Messieurs, qu'en présence de l'oxyde de fer, le phosphate calcaire, dissous dans l'acide carbonique, passe facilement à l'état de phosphate de fer, l'association des phosphates de chaux et de fer dans les terrains tertiaires n'aura pas lieu de vous surprendre. Cette association a été constatée la première fois, sur une grande échelle, près de Wissant, dans le Pas-de-Calais, par MM. Lonchamp et Berthier.

Examinant avec attention les rognons noirâtres qui abondent près du cap La Hève, on reconnut bientôt leur identité avec les nodules de la côte de Surrey. Des observations dues à MM. Fitton, Dufrenoy, Meugy, Delanoue, Nesbit, contribuèrent à mettre ce fait en évidence. Le docteur Fitton, en particulier, dans son travail sur les couches inférieures de craie, ne laissa aucun doute sur l'existence des nodules phosphatés dans les terrains formant sur ce point les deux rives de la Manche.

Bien que différentes des *coprolithes*, les masses phosphatées, dont il est ici question, ont cependant des caractères qui les rapprochent des excréments pétrifiés, et qui servent à accuser, d'une manière bien vraisemblable, leur origine organique. Comme les coprolithes, elles sont azotées; comme eux, elles exhalent une odeur *sui generis* par le frottement ou le contact des réactifs alcalins. Enfin, leur richesse en phosphates les classe, au point de vue de l'industrie agricole, à côté de ces curieux excréments qui, sous le nom de *fossil-fœces*, furent l'objet des savantes recherches de Buckland.

A la pointe Sud-Est de l'Angleterre, dit M. Elie de Beaumont (1), à l'extrémité occidentale des roches de craie blanchâtre

(1) *Etude sur l'utilité agricole et sur les gisements géologiques du phosphore*, page 25.

auxquelles la Grande-Bretagne doit son antique nom d'*Albion*, les couches argileuses du *gault* affleurent à Folkstone, sur la rive septentrionale du Pas-de-Calais, et se prolongent vers le Nord-Ouest, dans la direction du comté de Kent. Dans toutes les couches qui sont de la même nature que celles du Havre et de Wissant, dans toute la bande, enfin, de terrain crétacé inférieur qui commence à Wissant, sur le bord du Pas-de-Calais, et qui va se terminer à la côte de la Manche, un peu au Midi de Boulogne, les remarques de MM. Fitton, Berthier, Sens, etc., permirent de reconnaître la présence des nodules de phosphate et la similitude de leurs caractères. A la vérité, ces constatations n'avaient alors qu'un intérêt scientifique, et, sur la puissance des gisements de nodules, les convictions étaient loin d'être assises en France.

En mars 1848, M. Austen (1) établit d'une manière générale qu'aux environs de Guildford, les nodules de phosphate de chaux sont répandus en grand nombre dans le grès vert supérieur, mais qu'ils sont généralement petits dans les couches les plus élevées.

En résumé, les recherches scientifiques effectuées sur le mode de gisement des nodules conduisent à admettre que ces matières précieuses appartiennent *à trois assises différentes du terrain crétacé inférieur.*

C'est un point sur lequel j'appelle, Messieurs, votre sérieuse attention.

« Dans ces trois assises du terrain crétacé inférieur, — et je rapporte ici les paroles de M. Elie de Beaumont, — les nodules de phosphate de chaux sont les compagnons fidèles des grains verts de silicate de protoxyde de fer désignés vulgairement par les géologues sous le nom de *chlorite* ou de *glauconie.* Si on admet, ce qui n'a rien d'improbable, que les nodules de phosphate de chaux doivent continuer à accompagner ailleurs encore

_______

(1) *Quarterly journal of the Geological Society,* T. IV, 1re partie, page 258.

les grains verts glauconiens, on sera fondé à les rechercher en France dans une zône fort étendue, c'est-à-dire dans la plus grande partie de la zône du terrain crétacé inférieur, coloriée en vert sur la carte géologique de la France et désignée par la lettre accentuée C'. » (Août 1856.)

En se bornant à la France septentrionale, la zône signalée par M. Elie de Beaumont s'étend, du département du Nord, à travers ceux de l'Aisne, des Ardennes et de la Marne, où elle se recourbe vers le Sud-Ouest, pour traverser ensuite les départements de l'Aube, de l'Yonne, du Cher, du Loir-et-Cher, de l'Indre et de la Vienne, et atteindre celui d'Indre-et-Loire. Dans ce dernier, elle se dilate et se recourbe de nouveau pour se diriger vers le Nord, à travers les départements de Maine-et-Loire, de la Sarthe, de l'Orne et du Calvados, où elle se termine sur la côte de la Manche, en face du cap La Hève.

Il nous suffira, Messieurs, de suivre cet itinéraire sur le tableau d'assemblage des belles cartes géologiques de MM. Dufrénoy et Elie de Beaumont, pour comprendre tout à la fois et la direction topographique à donner aux recherches des nodules de phosphate, et l'explication de certains faits inhérents aux succès ou à l'inutilité relative des engrais riches en acide phosphorique.

M. Elie de Beaumont fait observer enfin — et il vous sera aisé, Messieurs, de vous convaincre de la réalité de ses assertions en consultant la carte géologique — que le terrain crétacé inférieur se montre encore formant des espèces d'îlots dans les départements de la Seine-Inférieure et de l'Oise, savoir : à Rouen même et dans le pays de Bray, qui s'étend de Neufchâtel à Beauvais. « Je ne doute pas, dit cet éminent géologue, tant l'analogie des couches est frappante, qu'on ne trouve du phosphate de chaux en un grand nombre de points de la zône dont le contour vient d'être indiqué. » La pratique devait donner raison à ces vues théoriques inspirées par une connaissance approfondie des terrains.

Le 29 décembre 1856, dans un mémoire adressé à l'Académie

des Sciences, MM. Demolon et Thurneyssen annonçaient qu'ils avaient réalisé l'application industrielle des idées générales émises par les géologues et les ingénieurs des mines, et ils décrivaient les gîtes réguliers et commercialement exploitables de nodules de phosphates dont ils étaient parvenus à déterminer l'importance. Voici les principaux faits consignés dans ce mémoire :

Un premier examen sommaire, qui embrassa trente-neuf départements, augmenta d'abord, dans une proportion très considérable, le nombre des indices qui pouvaient servir à établir l'existence de gîtes réguliers. Ces départements sont : l'Oise, la Seine-Inférieure, le Calvados, l'Eure, l'Orne, Eure-et-Loir, la Sarthe, Maine-et-Loire, la Loire-Inférieure, Indre-et-Loire, la Vienne, la Vendée, la Charente-Inférieure, la Charente, la Dordogne, le Lot, l'Aude, l'Hérault, le Gard, les Bouches-du-Rhône, le Var, Vaucluse, les Basses-Alpes, la Drôme, l'Isère, le Cher, l'Indre, la Nièvre, l'Yonne, l'Aube, la Haute-Marne, la Côte-d'Or, la Marne, la Meuse, les Ardennes, l'Aisne, le Nord, le Pas-de-Calais et la Somme.

Comme vous le voyez, Messieurs, ces départements appartiennent, pour la plus grande partie, à la formation *crétacée*.

La falaise du Havre à Fécamp, le pourtour du Bray (Fresles, Saint-Sulpice, Oniard, Saint-Martin-le-Nœud, Tuilerie de Trépié), la falaise de Wissant et tout le pourtour du mamelon jurassique du Boulonnais (Leubringhem, moulin de Fernaville, environs d'Hardinghem et de Fiennes, glaisières des tuileries de Colembert, glaisières des tuileries de Brunembert, glaisières et sablières des poteries de Desvres, glaisières du Breuil, glaisières de Menty et chemins voisins, environs de Verlinctun, environs de Pelincton, environs de Nesles, plusieurs chemins longeant ou coupant le chemin de fer de Paris à Boulogne, près de Neufchâtel, et champs voisins) ; les environs d'Anappes et de Lezennes (Nord) ; les environs de Novion-Porcien, de Marcheromenil, de Saulces-aux-Bois, d'Ecordal, de Savigny, de Saint-Morel; les minières d'Echaude, de Grand-Pré, de Chevières, de Marcq et d'Apremont (Ardennes) ; les environs de Vienne-le-Château et de Sermaize

(Marne) ; les environs de Montblainville , de Varennes , de
Neuvilly, d'Aubreville, de Lochères, de Clermont-en-Argone ; de
Rarecourt, à la tuilerie neuve établie près de ce village, de
Waly de Foucancourt, de Triancourt, de Senard , de Vaubecourt,
de Villotte, de Loupie-le-Château et de Gros-Termes (Meuse) ;
les environs de Baudon-Villiers, de Valecourt, de Moëlains et de
Louze (Haute-Marne) ; les environs de Dieuville et de Gérodot, la
tranchée de Montiéramay, près Lisigny, la ferme de Saint-Martin,
la glaisière des tuileries de Montchevreuil (Aube), les environs de
Saint-Florentin et de Toucy (Yonne) , fournirent de nombreux
échantillons.

Un second examen plus approfondi et appliqué seulement à
onze départements énumérés plus haut (Seine-Inférieure, Oise,
Pas-de-Calais , Nord , Aisne , Ardennes , Meuse , Marne , Haute-
Marne , Aube et Yonne) , une observation plus attentive des
circonstances de gisement dans lesquelles se trouvaient placés les
divers indices reconnus, firent voir que des liens de continuité
existaient entre eux ; de nombreux sondages et des fouilles multipliées , exécutées dans le voisinage des lignes d'affleurement ,
confirmèrent constamment ce fait et mirent hors de doute
l'existence de gîtes réguliers.

Ces gîtes appartiennent tous à la formation crétacée , et font
partie du bassin anglo-parisien , dont le centre est à Paris et les
bords à Honfleur ; Argentan, Alençon, le Mans, la Flèche, Angers,
Loudun , Châtellerault, Melun, Sancerre, Auxerre, Bar-sur-Seine,
Saint-Dizier, Clermont-en-Argonne, Vouziers, Rethel, Rosoy et
Aubenton (1).

Selon les auteurs du mémoire que j'analyse , lorsque la roche
encaissante est solide, la chaux phosphatée s'y présente en nodules
disséminés et empâtés dans la masse. La grosseur de ces nodules
varie entre celle d'une noisette et celle d'un œuf d'autruche

(1) Demolon et Thurneyssen. *Comptes-rendus de l'Académie des
Sciences.*

(terrain néocomien, craie chloritée, craie marneuse, craie blanche).

Lorsque la roche encaissante est meuble, la chaux phosphatée s'y présente en nodules indépendants, et constitue sous cette forme des lits réguliers, dont l'épaisseur varie entre 10 et 35 centimètres (sables verts inférieurs, sables verts supérieurs).

Le lit régulier du sable vert inférieur se montre au jour sur une très grande étendue. En suivant de l'Est à l'Ouest le bord septentrional du bassin crétacé anglo-parisien, on voit ce lit affleurer, d'abord sur le pourtour de l'îlot jurassique du Boulonnais, dans les communes de Wissant, de Leubringhem, d'Hardinghem, de Colembert, de Brunembert, de Lottinghem, de Vieil-Moutier, de Desvres, de Longuefosse, de Vierre-au-Bois, de Tingry, de Verlinctun, de Nesles, de Neufchâtel et jusqu'aux bords de la mer.

Des fouilles nombreuses, pratiquées sur toute l'étendue de cette ligne, ont démontré que le lit existe à une petite profondeur au-dessous du banc de l'argile du gault et lui est *constamment subordonné*.

En quittant l'îlot du Boulonnais pour reprendre le bord principal du bassin, on voit reparaître le lit de nodules phosphatés avec le gault, d'abord vers la limite orientale du département de l'Aisne, à Vassigny; puis de là on le suit presque sans interruption, à travers les départements des Ardennes, de la Meuse, de la Marne, de la Haute-Marne, de l'Aube et de l'Yonne, jusqu'à 12 kilomètres environ au sud d'Auxerre. Au-delà, et sur tout le bord méridional et occidental du bassin, on ne trouve plus que la craie tufau et chloritée.

La ligne d'affleurement ci-dessus indiquée n'a pas moins de 300 *kilomètres de longueur*, avec des largeurs variables entre 500 et 3,000 mètres. Le lit de nodules phosphatés y est exploitable, sans beaucoup de frais, sur un très grand nombre de points, notamment dans toute la traversée du Boulonnais, depuis Wissant jusqu'à Neufchâtel; dans la majeure partie de la traversée des Ardennes, de Novion-Porcien à Marcq et au-delà, dans les cantons de Varennes, de Clermont, de Triancourt et de Vaubecourt (Meuse), dans le canton de Sermaize (Marne), dans le canton de Saint-Dizier (Haute-Marne).

Le lit du sable vert supérieur, parallèle au premier, ne se montre au jour que sur un petit nombre de points : dans le Boulonnais, on le voit aux environs de Wissant; dans les Ardennes, on le retrouve dans les minières du canton de Grand-Pré, notamment dans celle de la Grande-Décombre, près Marcq.

Les nodules disséminés dans la craie chloritée occupent de très grandes étendues dans la falaise de la Seine-Inférieure, dans le Bray, dans le Boulonnais, dans l'Aisne, dans les Ardennes, la Meuse, la Marne, etc. ; mais ces nodules ne pouvant s'isoler économiquement de la roche qui les empâte, leur exploitation, dans leurs conditions normales de gisement, ne saurait être fructueuse, la roche ne contenant, en moyenne, que 5 à 7 pour cent de phosphate de chaux.

Mais lorsque cette roche forme la surface du sol, et que, par une longue exposition à l'action des agents atmosphériques, elle se trouve désagrégée et réduite à l'état de sable, les nodules, rendus libres, s'accumulent alors à la surface et deviennent, en cet état, très facilement exploitables. C'est dans ces conditions qu'on les trouve dans une partie des cantons de Novion-Porcien, d'Attigny, de Vouziers, de Monthoise, de Grand-Pré (Ardennes); de Varennes, de Clermont-en-Argone, de Triancourt et de Vaubecourt (Meuse); de Vienne-le-Château et de Sermaize (Marne), où l'on n'a que la peine de les ramasser.

Enfin, les nodules rencontrés dans la craie marneuse et dans la craie blanche, dans le Bray (Seine-Inférieure et Seine-et-Oise), dans les carrières de Lezennes (Nord) et lieux circonvoisins, dans les environs de Rethel (Ardennes), occupent aussi des espaces considérables; mais comme ils forment au plus le cinquième de la roche encaissante, ils ne paraissent pas jusqu'à présent plus fructueusement exploitables que les craies chloritées en roches.

Dans la carte que je mets sous vos yeux, j'ai indiqué par des rayures verticales les principaux gisements de phosphate de chaux, signalés par MM. Demolon et Thurneyssen. D'autre part, les rayures horizontales indiquent les régions de la France qui, par leur origine géologique, comportent l'emploi des engrais riches en acide phosphorique. (Voir à la fin du volume.)

Les nodules recueillis pendant ces recherches ont été analysés dans mon laboratoire et à l'école normale. Ils m'ont fourni de 32 à 70 % de phosphate. J'ai calculé qu'ils renfermaient une quantité moyenne de 48 % de phosphate basique de chaux. Bientôt j'aurai à vous entretenir de leurs caractères chimiques et physiques.

Il ne faut pas oublier, Messieurs, qu'à l'époque où cette communication était faite à l'Académie des Sciences, le noir atteignait le prix de 20 à 26 fr. l'hectolitre de 90 à 95 kilogrammes; les os bruts avaient monté de 9 fr. 50 à 18 fr. 50 et 19 fr. les 100 kilogrammes. Les défrichements s'accomplissaient en Bretagne et en Sologne avec une ardeur motivée par les hauts prix des céréales. Enfin les excellents effets des engrais phosphatés dans les sols incultes des terrains argilo-schisteux étaient vulgarisés sur une très large échelle. L'agriculture, les industries qui s'y rattachent, le commerce lui-même, devaient donc accueillir avec une vive émotion des publications destinées à mettre en lumière les richesses nouvelles du sol. Il y avait là, comme je l'ai dit quelque part, une question nationale. Nous allons, Messieurs, pour l'apprécier d'une manière sérieuse, entrer plus avant dans l'examen des détails qui s'y rattachent. Abordons tout d'abord le point de vue commercial.

Il y a quelques jours à peine, des renseignements que j'ai tout lieu de regarder comme exacts, établissaient que des nodules extraits sur un des points de la zône rayée de la carte ci-jointe, comportaient pour 100 kilogrammes, les prix suivants:

Extraction, lavage, pulvérisation et bénéfice
du vendeur............................  3 fr. 25
Transport sur Ivry (en gare)............  2    25
Transport sur Nantes...................  0    85

Prix des 100 kilog. en gare à Nantes......  8 fr. 35

C'est du phosphate pur à **17** centimes le kilog.; or, on peut espérer et on doit désirer un abaissement de ce prix. Dans un *guide* très consciencieux de la fabrication des engrais, M. Rohart indique au surplus des *prix de revient* qui permettent de considérer les prix des nodules comme susceptibles d'être suffisamment abaissés, pour que l'agriculture les utilise sur une vaste échelle. Voici les chiffres que M. Rohart extrait d'une lettre de Vouziers (août 1857) :

*Localité de Grand-Pré.*

Extraction du mètre cube, y compris l'indemnité
de terrain aux propriétaires.............  9 fr. »
Lavage par mètre cube...................  2    »
Transport à Vouziers...................  7    50

Ensemble.........  18 fr. 50

*Localité d'Apremont et Varennes.*

Extraction du mètre cube et indemnité aux
propriétaires.........................  8 fr. »
Lavage................................  3    »
Transport à Vouziers ..................  12   »

Ensemble.........  23 fr. »

Le poids du mètre cube est de 1,500 kilog. en moyenne.

Le prix du transport de Vouziers à Paris est de 10 fr. par 1,000 kilog.

A Vouziers, ajoute la lettre reproduite par M. Rohart, les entrepreneurs de Grand-Pré et des environs vendaient le mètre cube, rendu sur place, 27 et 28 fr. ; ceux d'Apremont, Varennes et environs, 30 à 32 fr.

En résumé, Grand-Pré, Apremont et Varennes donnaient une moyenne de 20 fr. 75 par mètre cube de 1,500 kilog., soit par 1,000 kilog. . . . . . . . . . . . . . . . . . . . . . . . . . . . . . . . . . . . . . . . . 13 fr. 83

Transport de Vouziers à Paris. . . . . . . . . . . . . . . . . . . 10     »

Débarquement à la Villette, chargement sur voitures et déchargement. . . . . . . . . . . . . . . . . . . . . . . . . . . , . . . . . . . 0     75

Prix net par 1,000 kilog. rendus en magasin à la Villette 24 fr. 58

La pulvérisation à l'aide d'une machine à vapeur et les frais généraux qu'elle entraîne peut être appréciée pour 15,000 kilog. de nodules par vingt-quatre heures, et coûte 136 fr., ou 9 fr. 10 les 1,000 kil.

On a donc en définitive pour le prix des nodules pulvérisés :

Prix d'achat et de transport. . . . . . . . . . . . . . . . . . . . . . . . 24     58
Frais de pulvérisation. . . . . . . . . . . . . . . . . . . . . . . . . . . . 9     10

33 fr. 68

ou 3 fr. 36 les 100 kilog.

Ajoutez, Messieurs, si vous le voulez, 1 fr. pour frais de transport à Nantes, et vous voyez que le prix de revient peut encore laisser un légitime bénéfice au vendeur, tout en permettant à l'agriculture de recevoir un agent puissant de fertilisation.

A vrai dire, Messieurs, il est toujours difficile de citer des prix qui ne soient pas discutables au lendemain même de leur constatation pratique. C'est un des caractères de notre époque que le perfectionnement incessant des méthodes industrielles, et, par suite, l'abaissement des frais de production. L'industrie du fer, du zinc, des produits chimiques, nous en offre mille exemples, et nous pourrons — j'aime à l'espérer — en trouver de nouvelles preuves dans le développement des exploitations de phosphate de chaux. J'ai voulu cependant vous soumettre ces quelques chiffres. A mon sens, ils ont, en effet, la valeur d'un canevas où les idées d'amélioration peuvent être mises en relief et utilement développées.

[Les communications que j'ai reçues récemment au sujet de l'extraction des nodules, modifient d'une manière sensible les conclusions numériques qui viennent d'être développées. Voici l'exposé des conditions réelles, dans lesquelles peut aujourd'hui opérer l'industrie.

Au début de l'exploitation dans les Ardennes, on trouvait les nodules — *coquins* ou *crottes du diable*, — sur le sol et dans les sillons des champs labourés. Il y a encore des départements où il en est ainsi, mais, en général, c'est par l'extraction qu'il faut procéder. Selon les profondeurs et l'abondance des gisements, le prix d'extraction peut grandement varier ; tantôt il est de 6 fr. le mètre cube, tantôt il s'élève à 18 fr., tels sont les prix extrêmes. Ce qu'on peut affirmer d'une manière générale, c'est que l'extracteur qui demande 12, 15 ou 18 fr., est obligé de remuer environ 10 mètres cubes de terre, pour obtenir un mètre de nodules : encore ce dernier perdra-t-il à peu près 10 % au lavage.

Voici, selon l'industriel qui veut bien me communiquer ces renseignements, quelles sont les dépenses moyennes auxquelles on doit avoir égard :

| | |
|---|---|
| Indemnité au propriétaire par mètre cube. | 1 f. 00 |
| Extraction............................ | 10   00 |
| Transport au lavoir................... | 1   50 |
| Lavage...................... 2,50 à | 3   00 |
| Chargement et transport du lavoir à Vouziers ........................ | 14   00 |
| Frais d'inspection et d'expédition....... | 1   50 |
| | 31 f. 00 |

Telle serait la moyenne des prix pour Varennes, Grand-Pré, Apremont, Triancourt et les pays circonvoisins. Il faut d'autre part calculer que le mètre cube pèse plus souvent 1,400 kilog., que 1,500 kilog.

Si nous ajoutons les frais de transport aux frais d'extraction, nous trouvons pour les 1,000 kilog. :

<pre>
Prix des nodules à Vouziers............  20 f. 00
Transport à Paris (à raison de 10 fr. les
       °°/°° kilog. par bateau)..........  10    00
Transport du canal à l'usine............   1    00
Mouture et manutention................  15    00
                                          ─────────
               Total...............  46 f. 00
</pre>

soit 4 fr. 60 les 100 kilog.; mais il convient de tenir compte des bénéfices, intérêts de fonds, frais généraux. Ces jalons posés, on comprend quelle peut être la marge dans laquelle varieront les prix des nodules en poudre livrés à l'agriculture (1). ]

Je n'aurais point terminé, Messieurs, l'inventaire général des publications destinées à faire connaître les gisements de phosphate de chaux en France, si je ne mentionnais une note adressée à l'Académie en décembre 1857, et dans laquelle un chimiste anglais, M. Nesbit, expose que, dès 1855, il avait signalé quatorze gisements de nodules exploitables. Ces gisements appartenaient, dit-il, à la formation crétacée du bas Boulonnais. Une commission nommée dans le sein de l'Institut doit apprécier les titres de priorité des divers auteurs dont je vous ai cité les noms. Ce qu'il nous importe à nous de constater, c'est que la mise en exploitation des gisements de nodules est un fait immense qui soulève d'intéressantes questions de technologie. Quelle est, en effet, la composition exacte des pseudo-coprolithes ? Sont-ils

______

(1) Le transport de Paris à Nantes peut être évalué à 1 fr. 40 c. Aux frais de transport, il convient d'ajouter le prix des sacs.

assimilables par les végétaux ? S'ils ne le sont pas, comment peut-on les modifier ? Telle est, Messieurs, la série de problèmes que l'heure avancée me permet seulement de poser aujourd'hui, et dont j'aborderai prochainement la discussion.

# HUITIÈME LEÇON

Caractères des nodules de phosphates. — Leur porosité. — Leur modification sous l'influence de l'air. — Leur composition chimique. — Influence de l'acide carbonique et des divers principes contenus dans le sol, pour favoriser leur assimilation. — Séparation des matières siliceuses des nodules. — Tentatives effectuées en vue d'augmenter leur solubilité. — Essais divers de leur action comme engrais. — Exemple donné par le comice agricole central de Guingamp.

MESSIEURS,

Il importe de caractériser les pseudo-coprolithes par l'exposé de leurs propriétés physiques et chimiques. La connaissance de ces propriétés nous facilitera, en effet, l'intelligence des phénomènes auxquels ces précieux engrais pourront donner lieu sous les influences diverses du sol.

Les nodules en morceaux ont une densité moyenne représentée par 2,7. En recherchant cette densité, on s'aperçoit bientôt que les nodules sont très sensiblement poreux, donc *perméables aux liquides et aux gaz*. Ce fait a de l'importance. Quelques essais de la faculté d'imbibition de ces matières m'ont fourni les résultats suivants :

| Poids des nodules. | Eau absorbée après deux heures de contact. |
|---|---|
| 42$^g$20 | 0$^g$69 |
| 47,52 | 0,39 |
| 35,70 | 1,94 |
| 65,05 | 0,09 |
| 47,74 | 0,30 |
| 238$^g$21 | 3$^g$41 |

Ainsi 238$^g$,21 de nodules, tels que le commerce les livre, c'est-à-dire avec 3 ou 5 °/₀ d'eau, avaient absorbé en deux heures 3$^g$41. Or, le volume des nodules était 87$^{cc}$, celui de l'eau 3$^{cc}$,41, ce qui donne une imbibition de 2,55 °/₀ pour des substances qu'un examen superficiel pouvait faire considérer comme imperméables.

Des nodules pulvérisés et non desséchés ont été imbibés avec de l'eau; ils en ont absorbé de 64 à 70 °/₀ de leur volume. Or, on sait que du sable siliceux bien sec absorbe 25 °/₀, et les terres arables de 48 à 52 °/₀. La porosité des nodules est donc un fait parfaitement démontré (1).

Les nodules sont-ils durs? Ici, Messieurs, permettez-moi de vous faire remarquer que, dans le langage ordinaire, on confond la *dureté* avec la *fragilité*. Il y a des substances dont la molécule est très dure, très réfractaire aux agents de division ou de dissolution, mais dont la masse générale est cependant facile à écraser. Il y en a d'autres, par opposition, comme le jade, qui offrent, en masse, énormément de ténacité, et dont la dureté élémentaire est cependant minime : c'est le cas des pseudo-coprolithes. Pulvérisés, en effet, ils sont beaucoup plus accessibles à l'action de certains agents physiques ou chimiques de répartition que des apatites fragiles, à la vérité, mais dont le grain est cristallin. J'ajouterai que la silice, mélangée aux substances calcaires dans les nodules, peut communiquer à la masse certaines propriétés que le phosphate considéré isolément n'aurait certainement pas.

Ce qu'il faut également remarquer, c'est que les pseudo-coprolithes, en raison de leur texture amorphe et de l'interposition dans leur masse poreuse de substance organique azotée, doivent nécessairement subir à l'air des modifications sensibles.

Ce fait a été mis en évidence par un jeune et habile chimiste,

(1) Le numéro des *comptes-rendus de l'Académie des sciences* du 11 juin 1860 contient la description faite par M. Marcel de Serres, d'un *coprolithe* des environs d'Issel (Aude), dont la densité était de 2,07 et dont la porosité était assez grande, pour que la masse devînt très friable dans l'eau.

M. Dehérain. Cet expérimentateur a observé que la poudre récemment obtenue des nodules renferme 2,5 à 6 °/₀ d'humidité, et n'abandonne que 0,25 à 0,26 °/₀ de phosphate terreux à l'acide acétique à 5 degrés ; tandis qu'après une exposition de trois mois à l'air, cette poudre contient 17,6 °/₀ d'eau, et abandonne à l'acide acétique à 5 degrés Baumé de 5 à 5,2 °/₀ de phosphate. De telles modifications sont dues tout d'abord à la porosité devenue plus grande, puis aux modifications de la substance organique des nodules ; mais d'autres causes interviennent évidemment, et nous aurons à les passer en revue.

Ces questions, relatives à la constitution physique des pseudo-coprolithes, nous amènent insensiblement à aborder le point de vue chimique de leur histoire. Voici leur composition moyenne :

| | Numéro 1. | Numéro 2. |
|---|---|---|
| Eau et matière organique......... | 7,200 | 9,210 |
| Chlorure de sodium et sulfate de soude..................... | traces. | traces. |
| Carbonate de chaux. ........... | 18,814 | 5,176 |
| Carbonate de magnésie.......... | 0,855 | 2,016 |
| Sulfate de chaux............... | traces. | 1,161 |
| Phosphate basique de chaux....... | 51,018 | 45,815 |
| Phosphate de magnésie.......... | traces. | traces. |
| Phosphate de fer............... | 8,902 | 12,476 |
| Phosphate d'alumine........... | 2,700 | 6,387 |
| Oxyde de manganèse........... | 0,057 | 0,267 |
| Fluorure de calcium........... | 3,161 | 2,688 |
| Alumine, oxyde de fer, acide silicique et perte.............. | 7,593 | 14,804 |
| | 100,000 | 100,000 |

Plusieurs analyses effectuées sur la poudre de nodules séchée à 110 degrés, m'ont fourni 33 à 37 dix-millièmes d'azote. Il suffit, au surplus, de chauffer ces matières avec de la potasse hydratée pour obtenir un dégagement d'ammoniaque et une odeur animale d'une constatation facile.

[Lorsque l'analyse des nodules est effectuée en vue des besoins spéciaux de l'agriculture et du commerce, il importe surtout de connaître promptement la dose d'acide phosphorique qu'ils renferment. Très souvent, la chaux ne se trouvant pas dans les matières à une dose telle que tout l'acide phosphorique puisse être converti en phosphate des os, la précipitation pure et simple par l'ammoniaque employée pour l'analyse des noirs d'os, donne des résultats inexacts ; dans ce cas, en effet, de l'oxyde de fer se précipite mêlé à des phosphates de fer et de chaux, tandis que du phosphate de fer reste en même temps en dissolution à la faveur de l'ammoniaque.

On peut employer plusieurs méthodes pour effectuer l'*essai industriel* des nodules. En voici deux auxquelles les experts devront surtout avoir recours pour obtenir rapidement un résultat exact :

### Première méthode.

1° Calciner pour obtenir l'eau interposée ;

2° Dissoudre dans l'acide chlorhydrique et filtrer pour séparer le sable siliceux ;

3° Ajouter du chlorure de calcium et précipiter par l'ammoniaque pour obtenir l'acide phosphorique à l'état de phosphate de chaux tribasique ;

Le précipité ainsi obtenu contient du phosphate de chaux et du sesquioxyde de fer. Pour connaître la quantité d'oxyde de fer, on opérera comme il suit :

4° Le précipité obtenu par l'ammoniaque sera redissous dans l'acide chlorhydrique étendu d'eau, et dans la liqueur refroidie on versera de l'acétate de soude. Tout le sesquioxyde de fer sera converti en phosphate de fer facile à laver et à calciner.

Son poids fera connaître le sesquioxyde de fer que l'on retranchera du poids obtenu dans l'expérience 3.

La liqueur séparée du phosphate de fer pourra être enfin précipitée par l'ammoniaque, et on obtiendra, sous forme de phosphate de chaux, une quantité d'acide phosphorique qui sera complémentaire de celle déjà engagée dans la combinaison ferrique.

En faisant deux dissolutions de l'engrais, on peut précipiter à la fois le phosphate de fer par l'acétate de soude dans l'une, et le mélange de phosphate de chaux et d'oxyde de fer dans l'autre. L'opération est alors accélérée.

### Deuxième méthode.

1° Calciner pour obtenir l'eau interposée ;

2° Dissoudre dans l'acide chlorhydrique et filtrer pour séparer le sable siliceux ;

3° Ajouter du chlorure de calcium et précipiter par l'ammoniaque. On aura ainsi le phosphate de chaux tribasique et l'oxyde de fer ;

4° Redissoudre le précipité pesé dans l'acide chlorhydrique, y ajouter de l'acide sulfurique et de l'alcool en excès, laver à l'eau alcoolisée et calciner. On obtient ainsi la chaux sous forme de sulfate ;

5° D'après le poids de la chaux, on peut calculer le poids de l'acide phosphorique ; donc obtenir exactement le phosphate tribasique du précipité, et, par suite, une soustraction fournira le chiffre de l'oxyde de fer ;

6° Le contrôle de cet essai est facile. Si, en effet, on évapore l'alcool, et si on ajoute au résidu de l'acide tartrique *en proportion suffisante pour empêcher la précipitation du fer par l'ammoniaque,* l'acide phosphorique devient facile à doser à l'état de phosphate ammoniaco-magnésien.

Les procédés qui viennent d'être décrits ont pour but un *essai commercial* et non une analyse offrant toute la précision nécessaire à des recherches de chimie pure. Ce qu'il faut avant tout déterminer dans la circonstance qui nous occcupe, c'est la richesse de la matière en acide phosphorique.

Des nombreuses analyses auxquelles je me suis livré sur les

nodules provenant particulièrement des départements de l'Est, il ressort que ces substances renferment une proportion d'acide phosphorique qui représente de vingt-cinq à soixante et quelques pour cent de phosphate de chaux des os. Les gisements surtout exploités aujourd'hui donnent une matière qui contient en acide phosphorique l'équivalent de 45 à 50 °/₀ de phosphate de chaux. Ils renferment, d'autre part, 35 °/₀ environ de silice, et dans *tous* les échantillons, sans exception, que j'ai examinés, il y a une notable proportion d'oxyde de fer.

La coexistence des phosphates de chaux et de fer dans les nodules était un fait établi en Angleterre et en France depuis longtemps.

Toutefois, un savant géologue, dont j'ai déjà cité les travaux, M. Delanoue, communiqua, en juillet 1859 (1), à l'Académie des Sciences une note dont j'extrais le passage le plus important :

« Les savants ne sont pas tous d'accord sur l'efficacité et le mode d'emploi de ces phosphates de chaux naturels, et les praticiens qui les ont exploités ou employés en France n'ont guère éprouvé, jusqu'à présent, *que des revers*. Cela tient à plusieurs causes, et entre autres à l'erreur que l'on a commise en assimilant ces phosphates à celui des os et du noir animal, et, à ce sujet, je viens avouer que je me suis trompé.

» Ce que j'ai trouvé et annoncé comme étant du phosphate de chaux, n'en est pas. Tout ce qu'on a trouvé et exploité sous ce nom en France et en Angleterre, n'en est pas davantage. C'est un sel double, un phosphate ferrico-calcique qui mérite un nom particulier, car c'est un minéral nouveau, aussi distinct du vrai phosphate calcique ou du phosphate ferrique simple, que la dolomie l'est du calcaire ou de la giobertite.

» Voici le moyen bien simple qui me l'a fait découvrir et qui peut servir à le constater : Choisissez des phosphates blancs inaltérés et par conséquent sans hydrate ferrique, dissolvez-les dans un petit excès d'acide chlorhydrique, filtrez et ajoutez de l'acétate sodique en excès, tout le phosphate ferrique du minéral

---

(1) *Comptes-Rendus de l'Académie des Sciences*. Séance du 11 juillet 1859.

se sépare sous forme de précipité blanc que j'ai pris longtemps, comme tout le monde, pour du phosphate calcique, mais qui donne du sesquioxyde ferrique et du phosphate sodique quand on le fond au rouge avec de la soude dans un creuset d'argent. Le phosphate calcique du minéral reste en dissolution à la faveur de l'excès d'acide acétique. Il est dosé par les procédés ordinaires. Qu'on ne croie pas que ce nouveau minéral est une rareté exceptionnelle dans la nature. Ce qui est au contraire extrêmement rare, ce sont les véritables coprolithes et la chaux phosphatée minérale. Le phosphate ferrico-calcique abonde en revanche en France et en Angleterre, mais il contient un peu de carbonate calcique, qui l'a fait prendre jusqu'à présent pour du calcaire siliceux ou argileux. On le trouve en Angleterre et dans le Nord de la France, dans les argiles du Gault en concrétions sphériques ou mamelonnées, à couches concentriques ou à l'état de moules épigéniques dans les cavités des fossiles. Ces rognons sont si abondants à la base de la craie sénonienne à Lille, et dans le grès glauconien inférieur au Gault, depuis Saint-Dizier et Rethel, qu'ils y forment de véritables couches de 0,10 à 0,80 de puissance.

» Ces phosphates ferrico-calciques, si faciles à exploiter, sont appelés à devenir une source infinie de richesse pour l'agriculture, dès qu'on aura bien compris partout que l'acide phosphorique est autant que l'azote, et bien plus que la chaux, absolument indispensable à la fertilité indéfinie des terres. »

Les analyses faites en Angleterre et en France établissaient depuis longtemps le fait signalé par M. Delanoue, sans toutefois préciser que le mélange des deux phosphates constituât une *espèce minérale* — fait que, pour ma part, je ne saurais accepter. — Ce que je crus surtout devoir réfuter dans la communication de M. Delanoue, ce fut le passage dans lequel il était question des revers essuyés par les agriculteurs dans l'emploi des nodules. Ma réponse, insérée dans les *Comptes-Rendus* (1), était ainsi conçue :

« La coexistence des phosphates de chaux et de fer dans les

(1) *Comptes-Rendus.* 25 juillet 1859.

nodules n'est pas un fait nouveau , car, en Angleterre comme en France , il a été parfaitement constaté.

» Ainsi, vers 1857 , M. Dehérain, dont l'Académie a reçu des travaux sur la transformation des phosphates alcalins et terreux dans le sol, me communiquait une méthode analytique de séparation du phosphate de fer et du phosphate de chaux. Moi-même, dans mes leçons de chimie agricole, professées à l'Ecole des Sciences de Nantes , en 1858, et dont j'ai eu l'honneur d'adresser un exemplaire à l'Académie , j'ai insisté à différentes reprises sur la migration de la molécule d'acide phosphorique, qui , successivement unie à la chaux ou au sesquioxyde de fer, se combine à l'oxyde de potassium, pour devenir partie constituante du grain de froment.

» Je me propose de revenir sur les procédés analytiques, assez délicats , au moyen desquels on peut séparer , dans les nodules , le phosphate tribasique de chaux du phosphate de fer, et sur la résistance que ce dernier peut opposer aux réactions du sol, lorsqu'il a été déshydraté : pour le moment , je me contenterai de rappeler que le résumé de mes leçons sur le phosphate de chaux contient l'expression numérique d'analyses, où, pour 51 et 45 centièmes de phosphate de chaux , il existe 9 et 12 centièmes de phosphate de fer.

» Ces faits sont parfaitement d'accord avec ceux observés par M. Delanoue , mais leur constatation prouve que les chimistes connaissaient depuis plusieurs années la combinaison mixte signalée par ce savant.

» J'ajouterai que si des agriculteurs ont éprouvé des revers en employant les nodules dans des conditions mauvaises, il n'en est pas de même dans les sols de landes à sous sol argilo-siliceux , où les défrichements ont eu lieu avec grand succès sous l'influence de ces mêmes nodules en poudre fine, alors surtout qu'ils ont été mélangés avec des matières animales. Les industriels qui exploitent les nodules , dans l'Est, ont observé l'action énergique et prompte, — délitement, échauffement, etc. , — que cette matière éprouve sous l'influence de l'air.

» L'assimilation de ces phosphates , dans les terrains feldspathiques de l'Ouest, est donc tout à la fois et une conséquence de
l'altération facile des nodules en poudre par les gaz atmosphériques
et un fait empirique bien acquis désormais. »

Cette note que je m'étais empressé de communiquer à M. Delanoue , motiva une nouvelle communication de mon honorable
contradicteur. Elle fut insérée par extraits dans les *Comptes-rendus*,
et mentionnée avec quelques développements , dans le journal
*l'Institut*, du 27 juillet 1859. Je la reproduis comme pièce intéressante de ce débat rendu facile par la loyauté de M. Delanoue.

« Ce qui est réellement essentiel à vérifier et ce que j'affirme,
c'est le fait suivant : — Le phosphate ferrico-calcique existe seul
et constamment dans le lower greensand , le gault, l'upper greensand , la craie glauconienne, la craie sénonienne inférieure et
jusque dans les vrais coprolithes du tourtia, c'est-à-dire dans
l'universalité des terrains crétacés de France et d'Angleterre.
Cette loi ne s'applique ni à l'apatite qui est un chloroborophos-
phate calcique, ni au phosphate du lias signalé par M. Deschamps.

Quant au phosphate minéral, M. Bobierre a raison de vouloir
le justifier de beaucoup d'échecs agricoles qu'il a éprouvés. On a
en effet trop souvent appliqué les phosphates aux sols qui n'en avaient
pas besoin ou à ceux qui contenaient du calcaire , ou bien enfin
on a négligé de dépouiller les phosphates minéraux du calcaire
qu'ils contiennent. En Angleterre, on fabrique ce qu'on y appelle
du superphosphate en convertissant le calcaire des nodules en
sulfate calcique par une addition souvent assez faible d'acide
sulfurique. Voici comment M. Delanoue explique l'efficacité de
cette pratique, surtout pour le phosphate ferrico-calcique minéral
qui est si difficilement soluble dans les acides faibles. L'acide sulfurique produit non-seulement une désagrégation physique, mais
aussi un sulfate calcique n'exigeant pas d'acide carbonique pour
se dissoudre dans l'eau. Tout le gaz carbonique de l'air et des
engrais, qui était employé en pure perte à la dissolution du calcaire , devient dès lors disponible et efficace pour la dissolution du
phosphate. Le fer du sol, ainsi que l'a très bien établi M. Paul

Thenard, donne alors naissance à du phosphate ferrique, et, je crois aussi, à du phosphate ferreux, car cette seconde combinaison est presque aussi énergique que la première, et c'est à ce double état d'oxydation que j'ai toujours trouvé le fer dans les bonnes terres arables.

Que M. Bobierre réussisse à importer en France cette méthode anglaise ; qu'il nous procure *à bon marché* ce moyen merveilleux de fertiliser les terres stériles, et il aura complété admirablement la longue série de services qu'il a déjà rendus à l'agriculture. »

Dans le journal l'*Institut* du 3 août 1859, M. Delanoue revenait sur cette question dans les termes suivants :

« Ce ne sont pas les phosphates, plus ou moins ferriques, mais bien les Français mêmes que j'ai accusés d'impuissance pour l'amendement des terres; puisque les Anglais, ainsi que je l'ai dit, nous prouvent expérimentalement, depuis une vingtaine d'années, qu'on peut féconder les terres stériles avec ces mêmes phosphates.

» Quant à l'efficacité du simple phosphate ferrique pour la fertilisation du sol, ce n'est pas moi qui la nierai, car dernièrement je disais que j'avais trouvé, en confirmation des idées de M. Paul Thenard, l'acide phosphorique toujours combiné au fer dans les terres arables.

» Je trouve, du reste, qu'il est parfaitement inutile de rechercher quels agents pourraient vaincre l'insolubilité naturelle du phosphate de fer et faciliter sa transmission jusqu'aux graines des céréales, par la raison bien simple qu'il n'y arrive jamais.

» *C'est le phosphore*, et non le fer, *qui est un élément indispensable de l'organisme des semences ou germes reproducteurs de tous les êtres vivants.* Aussi est-ce à l'état de phosphate potassique, sodique, magnésique, etc., et non ferrique, qu'on le retrouve si abondamment dans les cendres de toutes les semences végétales ou animales quelconques. »

Comme on le voit, le dissentiment soulevé par la première communication du savant géologue de Raismes se réduisait à peu de chose, et la présence d'un peu de phosphate de fer dans le

phosphate de chaux des nodules n'atténuait en rien le rôle important de ceux-ci en agriculture. Ce que j'ajouterai, c'est que
l'oxyde de fer existant dans tous les nodules que j'ai examinés,
l'acétate de soude produisait et devait toujours produire un
précipité de phosphate de fer dans leur dissolution par un acide.
L'apparition de ce précipité ne donne donc pas toujours la preuve de
la *préexistence* du phosphate de fer. Ce qui l'établit plutôt, c'est
la relation de l'acide phosphorique et de la chaux dans les
nodules.]

M. Thompson Herapath (1) a cru pouvoir déduire de plusieurs
observations faites dans son laboratoire l'inégalité de richesse
des parties externe et centrale du même nodule. Ainsi, dans
deux échantillons analysés, ce chimiste a rencontré :

|  | Partie centrale. | Partie externe. |
| --- | --- | --- |
| Fluorure de calcium.......... | 0,611 | 1,105 |
| Phosphates terreux........... | 34,015 | 40,019 |

Je n'ai pu reconnaître, pour ma part, la constance de ce
rapport, comme l'établissent les analyses suivantes, ayant trait
aux phosphates en particulier :

|  | Surface. | Centre. |
| --- | --- | --- |
| A........ | 43,0 | 47,5 |
| B........ | 37,5 | 44,0 |
| C........ | 44,0 | 43,0 |

Les échantillons A et B renfermaient, vous le voyez, plus de
phosphore au centre qu'à la surface, et en ce qui concerne
l'échantillon C, il y avait presque identité de composition dans sa
masse. Je m'empresse d'ajouter, Messieurs, que ces trois expériences sont complètement insuffisantes à établir une manière de
voir générale.

(1) *Loco citat.*

Et maintenant que nous connaissons les principales propriétés physiques et la composition chimique des pseudo-coprolithes, examinons les modifications dont ils sont susceptibles en présence des agents de dissolution du sol.

Ces agents, vous le savez, Messieurs, sont extrêmement nombreux, et certaines conditions physiques de la couche arable favorisent singulièrement leur action. Parmi eux, l'acide carbonique doit tout d'abord appeler notre attention, non qu'il ait pour rôle unique d'entraîner des phosphates basiques et de les déposer purement et simplement dans les organes du végétal, *mais parce que sa puissance dissolvante favorise les décompositions, en vertu desquelles l'acide phosphorique nous apparaît associé successivement à la magnésie, à la chaux, à l'oxyde de fer, à l'alumine et à l'ammoniaque.* Voici les chiffres que m'ont fournis des expériences effectuées au moyen de l'appareil de Briet, employé pour préparer l'eau gazeuse, et dans lequel les substances à examiner étaient immergées.

| NATURE DE L'ENGRAIS. | TEMPS de contact avec l'acide carbonique. | TEMPÉ-RATURE | PHOS-PHATES terreux dissous. | CARBO-NATE de chaux dissous. | TOTAL de la sub-stance dissoute | RAPPORT du phosphate au carbonate de chaux. |
|---|---|---|---|---|---|---|
| Phosphate de chaux gélatineux...... | 48 h. | + 5°.0 | 0.460 | » | 0.460 | » |
| Noir d'os en grains. | Id. | + 6°.0 | 0.040 | 0.275 | 0.315 | ∷ 14.54 : 100 |
| Noir d'os fin ayant servi à la clarific⁰ⁿ | Id. | + 4°.2 | 0.045 | 0.175 | 0.220 | ∷ 25.60 : 100 |
| Charrée......... | Id. | + 6°.5 | 0.042 | 0.280 | 0.322 | ∷ 15 : 100 |
| Nodules coprolithiques en poudre.. | Id. | + 5°.0 | 0.020 | 0.200 | 0.220 | ∷ 10 : 100 |
| Les mêmes étonnés dans l'eau froide. | Id. | + 5°.0 | 0.020 | 2.200 | 0.220 | ∷ 10 : 100 |

Vous voyez, Messieurs, que la solubilité des pseudo-coprolithes est évidente. Du reste, M. Rohart ayant soumis les nodules en poudre à l'action de l'acide carbonique dans des conditions analogues, et M. Girardin ayant dosé la quantité de phosphate basique dissoute dans son expérience, trouva qu'elle s'élevait à $0^g,025$ par litre d'eau gazeuse. Ce chiffre se rapproche beaucoup du chiffre $0^g,020$ que j'ai moi-même trouvé. Je n'ai pas besoin d'insister sur la portée de ces expériences qui sont surtout significatives, alors qu'on tient compte des modifications signalées par M. Dehérain et qu'éprouvent les pseudo-coprolithes au contact de l'air. Vous n'avez pas oublié d'ailleurs, Messieurs, que, d'après les expériences de MM. Boussingault et Lewy, 100 volumes de terre récemment fumée renferment de 2,27 à 9,78 d'acide carbonique. [Selon les mêmes auteurs, l'air enfermé dans l'hectare de terre arable fumée depuis près d'une année contient autant d'acide carbonique qu'il s'en trouve dans 18,000 mètres cubes d'air atmosphérique; et dans l'air de 1 hectare de terre arable récemment fumée, l'acide carbonique, dans certaines circonstances, représente celui qui est contenu dans 200,000 mètres cubes d'air normal.] Ces notions trouvent ici une application immédiate.

M. Isidore Pierre a constaté, il y a quelques années, que le phosphate de fer est soluble sous les influences combinées de l'acide carbonique et de l'acide acétique.

[Ce chimiste a trouvé aussi que l'on peut dissoudre une partie de phosphate de sesquioxyde de fer à l'aide de l'eau simplement chargée d'acide carbonique, en employant 12,500 parties de cette eau. S'agit-il du phosphate de protoxyde de fer, l'eau chargée d'acide carbonique en dissout 1 millième de son poids, et la dose de substance dissoute peut doubler quand l'eau renferme en plus 2 millièmes d'acide acétique.]

M. Dehérain a observé le même fait sur les phosphates fossiles presque insolubles dans l'acide carbonique seul. Toutefois, ce chimiste ayant, pour constater cette insolubilité, employé l'acide carbonique à la pression ordinaire, j'ai cru devoir faire remarquer (1)

(1) *Comptes-Rendus de l'Académie.* Lettre à M. Elie de Beaumont. Août 1857.

qu'en principe, l'emploi de l'acide carbonique comme dissolvant des phosphates, doit évidemment avoir lieu dans les conditions les plus énergiques, si l'on veut tirer des faits de laboratoire une conclusion agricole. « Non-seulement, ajoutais-je, cette précaution est impérieusement indiquée par la nature des gaz contenus dans le sol cultivé, mais encore par celle des eaux de pluie et des actions multiples que les réactifs salins et acides de ce même sol exercent simultanément, pendant des mois, sur les corps en apparence insolubles. Il est évident, dès lors, qu'en faisant réagir l'eau chargée d'acide carbonique sur les phosphates minéraux réduits en poudre très fine, on doit avoir le soin d'employer un liquide chargé de plusieurs volumes de gaz.

» En résumé, disais-je en terminant: si les pseudo-coprolithes réduits en poudre fine ne sont pas sensiblement solubles dans l'eau chargée d'acide carbonique, à la pression ordinaire, et lorsque le contact du réactif a lieu *pendant quelques minutes*, il n'en résulte nullement que l'insolubilité de ces phosphates puisse en être la conséquence rigoureuse.

» Ces phosphates réduits en poudre fine et immergés dans l'eau de Seltz pendant plusieurs jours, s'y dissolvent toujours en proportion facilement appréciable.

» Exposés à l'air, ils deviennent plus solubles encore.

» Enfin, et quelle que soit la valeur de ces faits comme éléments de probabilité pour la dissolution des phosphates de chaux dans le sol, il importe, avant de formuler des lois applicables à la culture, d'observer des faits nombreux dans les sols récemment défrichés et en employant comparativement des phosphates bruts ou soumis à des actions auxiliaires chimiques ou physiques. » Je ne puis que persévérer dans cette manière de voir amplement confirmée par les faits depuis l'époque où j'en formulais les principales propositions.

« Remarquez bien, Messieurs, que si je suis affirmatif lorsqu'il s'agit de faits d'une facile vérification, j'apporte au contraire la plus grande circonspection à tirer d'une expérience de laboratoire des corollaires applicables à la grande culture. Je ne devais pas dès lors , en démontrant le premier (1), la solubilité des pseudo-coprolithes dans l'un des acides du sol, me borner à faire entrevoir la vraisemblance de leur assimilation par les végétaux : il fallait que l'hypothèse devînt réalité. Avant de vous exposer les expériences que j'ai effectuées dans ce but, je crois devoir, Messieurs, vous rappeler un principe général auquel sont subordonnés les phénomènes pratiques de l'assimilation des phosphates.

» Il est très vrai que l'acide carbonique joue un rôle immense dans les phénomènes de la nutrition végétale ; mais il ne faut jamais perdre de vue que ce rôle a tout à la fois pour effet et le transport du phosphate de chaux dans le végétal et les doubles décompositions de ce sel calcaire. Ce fait n'avait pas échappé à la sagacité de Théodore de Saussure, qui posait en principe et d'une manière toute générale « que l'insolubilité des phosphates de chaux et de magnésie peut être atténuée par leur conversion en sels doubles. » J'ai démontré (2) que les sels solubles d'ammoniaque, de chaux, de potasse, de soude et de magnésie, enfin que des extraits *humiques* agissaient comme dissolvants très énergiques du phosphate basique de chaux. « Neutres , acides ou alcalins, ces sels concourent , à tant de titres, à activer ainsi le développement des végétaux, que la nécessité de ne préjuger l'activité d'un engrais que sur des essais dans le sol en devient évidente (3). »

J'ajoutais :

« Il me semble prouvé que les sels de potasse des terrains feldspathiques exercent une action puissante sur les phosphates relativement insolubles, de chaux, de magnésie, de fer et d'alumine, quel que soit d'ailleurs le degré d'oxydation de leur base. »

Et plus loin :

« Je dois faire remarquer que plusieurs expériences faites sur

(1) *Comptes-rendus de l'Académie.* Mars 1857.
(2) *Thèse pour le doctorat.* Août 1858 , pag. 115.
(3) Même travail, pag. 114.

des matières et dans des conditions extérieures que je devais croire identiques, m'ont cependant donné des résultats variables. Il convient de remarquer également que du phosphate de chaux provenant d'opérations distinctes, c'est-à-dire obtenu en présence de différentes doses ou natures de réactifs dissolvants et précipitants, puis enfin calciné à des températures inégales, devra être plus ou moins soluble dans un temps donné.

[ACTION DE QUELQUES SUBSTANCES

sur le Phosphate de Chaux (3 Ca O, Ph O⁵) pendant dix jours de

contact et à la température de + 13 centigrades.

| DÉSIGNATION DU DISSOLVANT employé à la dose de cinq grammes dissous ou divisé DANS DEUX DÉCILITRES D'EAU. | Phosphate de chaux employé. | Phosphate de chaux non dissous. | Diminution | Dissolution du phosphate en centièmes. |
|---|---|---|---|---|
| Carbonate d'ammoniaque.......... | 2ᵍ. » | 1ᵍ. 870 | 0.130 | 6.5 |
| Sulfate d'ammoniaque............ | 2. » | 1 898 | 0.102 | 5.1 |
| Phosphate d'ammoniaque.......... | 2. » | 1 900 | 0.100 | 5.0 |
| — 2ᵉ expérience.......... | 2. » | 1 877 | 0.123 | 6.1 |
| Azotate d'ammoniaque............ | 2. » | 1 890 | 0.110 | 5.5 |
| — 2ᵉ expérience.......... | 2. » | 1 850 | 0.150 | 7.5 |
| Chlorhydrate d'ammoniaque........ | 2. » | 1 870 | 0.130 | 6.5 |
| — 2ᵉ expérience.......... | 2. » | 1 882 | 0.118 | 5.8 |
| Oxalate d'ammoniaque .......... | 2. » | 1 808 | 0.192 | 9.6 |
| Bicarbonate de potasse.......... | 2. » | 1 860 | 0.140 | 7.0 |
| Azotate de potasse............. | 2. » | 1 890 | 0.110 | 5.5 |
| Chlorure de potassium.......... | 2. » | 1 935 | 0.065 | 3.2 |
| Iodure de potassium............. | 2. » | 1 925 | 0.075 | 3.7 |
| — 2ᵉ expérience.......... | 2. » | 1 900 | 0.100 | 5.0 |
| Bromure de potassium .......... | 2. » | 1 910 | 0.090 | 4.5 |
| Bicarbonate de soude............ | 2. » | 1 810 | 0.190 | 9.5 |
| — 2ᵉ expérience.......... | 2. » | 1 800 | 0.200 | 10.0 |
| Azotate de soude............... | 2. » | 1 900 | 0.100 | 5.0 |
| — 2ᵉ expérience.......... | 2. » | 1 900 | 0.100 | 5.0 |
| Phosphate de soude............. | 2. » | 1 868 | 0.132 | 6.5 |
| Eau mère d'une raffinerie de sel marin (2 décilitres) ............... | 2. » | 1 960 | 0.040 | 2.0 |
| Chlorure de sodium............. | 2. » | 1 790 | 0.210 | 10.5 |
| — 2ᵉ expérience.......... | 2. » | 1 790 | 0.210 | 10.5 |
| Cendres de tourbes contenant 26 centièmes de matières solubles...... | 2. » | 1 900 | 0.100 | 5.0 |
| Sulfate de magnésie............ | 2. » | 1 930 | 0.070 | 3.5 |
| Extrait de tourbe provenant de 500 grammes de substance.......... | 2. » | 1 625 | 0.375 | 18.7 |
| Eau de pluie.................. | 2. » | 1 998 | 0.002 | 0.1 |
| Eau putride d'un jardin.......... | 2. » | 1 945 | 0.055 | 2.7] |

Je conclus de ces expériences et des essais antérieurs qu'une longue étude des engrais m'a permis d'effectuer, que les causes de dissolution ou de transformation des phosphates terreux dans le sol sont extrêmement multipliées. On s'explique dès lors les modifications des phosphates de chaux et de fer, dont l'acide se retrouve à l'état de combinaison avec la potasse dans les céréales. J'ajouterai que dans le dosage de ces phosphates sous l'influence de l'ammoniaque en excès, les analystes doivent avoir égard à cette solubilité. Si l'on dissout, en effet, un gramme de phosphate de chaux des os, dans les acides chlorhydrique ou azotique, et qu'on précipite le phosphate par l'ammoniaque, le sel ammoniacal formé retient une petite portion du phosphate en dissolution. Lorsqu'on redissout le précipité pour l'isoler de nouveau par une seconde dose d'alcali, l'effet est encore plus marqué. Quatre précipitations faites à la suite les unes des autres, dans une solution chlorhydrique, m'ont fourni les chiffres 0$^g$,979, — 0$^g$,940, — 0$^g$,905, et enfin 0$^g$,875 (1). Ces chiffres donnent une idée exacte de la solubilité du phosphate hydraté dans les sels ammoniacaux. »

L'un des cas particuliers de ces phénomènes de double décomposition, dont résulte le transport facile de l'acide phosphorique, a été observé par M. Paul Thenard. Ce chimiste a spécialement étudié la conversion du phosphate de chaux en phosphate de sesquioxyde de fer et en phosphate d'alumine, puis la réaction ultérieure du silicate de chaux sur le phosphate de fer, réaction qui, selon ce chimiste, aurait pour effet la reconstitution du phosphate calcaire. Il est évident que le silicate de chaux n'a pas seul cette propriété, et que le silicate double de chaux et de soude (2), les silicates alcalins, etc., agissent de même.

[Au sujet de cette action du silicate de chaux invoquée par M. Paul Thenard, M. Dehérain développe une pensée que je partage

(1) Ce fait a été également constaté par M. Robart.
(2) *Répertoire de Chimie.* Barreswil, octobre 1858.

complètement (1). Ce chimiste pense que l'expérience ayant eu lieu au sein de l'eau chargée d'acide carbonique, le silicate de chaux a tout d'abord été décomposé. La silice a été mise en liberté, et c'est le carbonate de chaux qui, à la faveur de l'acide carbonique en excès, a surtout réagi sur le phosphate de sesqui-oxyde de fer pour le ramener à l'état de phosphate de chaux.]

Dans l'une de nos dernières réunions, j'insistais, Messieurs, sur les réactions des matières salines sur les phosphates insolubles. Eh bien, la généralité de ce principe était, à quelques jours de distance, mise de nouveau en lumière par M. Dehérain, dont les expériences établissaient de nouveau (2) que les principes salins du sol réagissent sur le phosphate de chaux et le transforment aisément.

C'est là, en définitive, un fait constant dont on démontrera la réalité dans bien des cas particuliers. J'ajouterai que, selon les circonstances physiques de l'expérience, l'acide phosphorique se portera tantôt de la chaux à l'oxyde de fer et tantôt de l'oxyde de fer à la chaux. — Nous avons bien des exemples analogues dans les réactions des sels de chaux sur les sels ammoniacaux. — Et *la seule loi qui en résulte,* en bonne logique, c'est *la mobilité providentielle du phosphore* sous l'influence des affinités chimiques et des conditions physiques du sol.

[M. Dehérain, dont j'ai déjà cité les recherches chimiques sur les phosphates fossiles, a précisé et développé avec beaucoup de méthode (3) les influences de l'air, de l'acide carbonique, de l'acide acétique et des sels sur les phosphates coprolithiques. Cet expérimentateur a surtout établi les faits qui suivent :

**Action de l'acide acétique.** — Selon M. Dehérain, cet acide existe dans le sol avec l'acide carbonique et concourt à favoriser la dissolution des phosphates. Voici l'expérience sur laquelle ce chimiste base son affirmation :

(1) *Recherches sur l'emploi agricole des phosphates.* Thèse pour le doctorat, pag. 70.

(2) *Comptes-rendus de l'Académie.* Décembre 1858.

(3) Thèse pour le doctorat.

Le bois soumis à l'action du feu dégage, en même temps que plusieurs produits moins importants, de l'acide acétique ; le bois en s'altérant sous l'influence de l'air et de l'eau peut aussi à froid donner naissance à cet acide , qui communiquerait aux terres de bruyère la réaction qui les caractérise depuis long-temps ?

Pour le prouver, M. Dehérain a placé dans une cornue de grande dimension disposée dans un bain d'huile plusieurs kilogrammes de terre humide et a recueilli l'eau qui passait à la distillation.

La température du bain ne dépassant pas 150°, l'acide acétique, si on en recueille, dit M. Dehérain, ne proviendra pas d'une décomposition ignée du bois, décomposition qu'accompagneraient au reste des fumées à odeur empyreumatique, signes d'une trop grande élévation de température.

L'eau qu'on recueille est franchement acide ; elle ne précipite pas par l'eau de chaux ; ce n'est donc pas de l'acide carbonique qu'elle renferme. Or, celui-ci et l'acide acétique étant les deux seuls qui puissent naître par l'acidification du bois, on en doit conclure la présence de l'acide acétique. D'ailleurs, en saturant par de la soude l'eau de lavage et en laissant le liquide rapproché par évaporation se dessécher sur une lame de verre, on peut, au microscope, reconnaître la cristallisation de l'acétate de soude.

Il est impossible de dessécher entièrement par ce moyen la terre qu'on a placée dans la cornue, une quantité considérable de vapeurs d'eau se condensant sur les parois et retombant dans la masse ; malgré cet inconvénient, on peut doser très approximativement la quantité d'acide acétique qui existe dans la terre étudiée.

En effet, quand on distille un mélange d'acide acétique et d'eau, on peut s'assurer qu'il passe dans chaque portion de la liqueur sensiblement la même quantité d'acide acétique ; si donc on prend une partie de la terre de bruyère et qu'on la dessèche complètement à l'étuve, on saura, par la diminution de poids, le volume d'eau qu'aurait donné sa dessiccation complète ; si on a mesuré la quantité d'eau recueillie par distillation dans le récipient, on sait quelle fraction de la masse totale elle représente ; il ne reste plus qu'à doser l'acide acétique contenu dans celle-ci à l'aide de liqueurs titrées convenablement étendues, pour en conclure celui qui existait dans la masse entière.

M. Dehérain a trouvé ainsi que 1 kilogramme d'une terre de bruyère provenant du domaine du Mesnil, près Bracieux (Sologne, Loire-et-Cher), contenait 0 gr. 0,179 d'acide acétique (1).

**Action combinée de l'acide acétique et de l'acide carbonique sur la poudre de nodules.** — Les chiffres suivants prouvent l'influence de ces deux substances sur les nodules récemment pulvérisés ou soumis depuis quelque temps à l'action atmosphérique.

1 gramme des nodules des Ardennes et 1 gramme de ceux de d'Arcyfay ont été placés dans 20$^{cc}$ d'acide acétique faible ; on a fait passer de l'acide carbonique lavé dans du bicarbonate de soude et on a dissous sur :

| | 100 de Poudre des Ardennes exposée à l'air pendant 3 mois. | | 100 de Poudre d'Arcyfay non exposée à l'air. | |
|---|---|---|---|---|
| Phosphate de chaux............. | 8.8 | 8.9 | 3.4 | 5.1 |
| Oxyde de fer................ .... | 0.6 | 0.6 | louche. | louche. |
| Carbonate de chaux............. | 16.3 | 16.3 | 0.39 | 1.2 (2) |

Une solution d'acide carbonique conténant plusieurs volumes de ce gaz aurait rendu encore plus évidente l'influence dissolvante constatée dans ces essais.

(1) La méthode employée pour cette constatation et le dosage ne me semble pas à l'abri de sérieuses objections.　　　A. B.

(2) Dehérain. *Loco citat.*

On voit quels moyens nombreux la nature emploie pour faciliter la répartition des matériaux nécessaires aux phénomènes de la végétation et de la vie.

Au sujet de la solubilité bien distincte des nodules récemment extraits ou exposés longtemps à l'air, un industriel de Verdun m'a communiqué un fait qui m'a frappé. Il y a, me disait-il, une telle modification dans les nodules sous l'influence des gaz et de l'humidité atmosphérique que souvent des monceaux de ces matières se délitent au point d'occasionner un important déchet, si la matière est restée longtemps sur le sol. Le même industriel m'a déclaré qu'il pratiquait la pulvérisation de un mètre cube de nodules par jour, et que, souvent, il avait constaté un notable échauffement dans la poudre obtenue. En ce cas, les particules de la matière adhéraient les unes aux autres et formaient des mottes friables où la végétation se développait promptement.

**Action des sesquioxydes.** — La propriété des sesquioxydes d'engager l'acide phosphorique des phosphates dans une combinaison peu soluble, de l'emmagasiner en quelque sorte, a été étudiée avec soin par M. Dehérain. Ce savant a constaté, conformément à ce qui avait été déjà avancé par M. P. Thenard, que certains sols peuvent ne fournir que du phosphate de sesquioxyde, bien qu'on les ait amendés avec du phosphate de chaux. Il a également précisé ce fait intéressant, et que je n'avais développé que d'une manière générale dans la première édition de ces leçons, savoir *que les masses des substances agissantes sont la cause déterminante des réactions, de telle sorte que si les sesquioxydes peuvent engager l'acide phosphorique dans des combinaisons très peu solubles ; par contre, des carbonates alcalins ou alcalino-terreux peuvent enlever l'acide phosphorique aux phosphates de sesquioxyde.*

**Action des sels.** — M. Dehérain a étudié l'action du carbonate de chaux sur les phosphates de sesquioxyde de fer, et il a démontré que cette action était surtout efficace lorsque le fer était à l'état de sesquioxyde. En un mot, le phosphate de protoxyde de fer est moins propre à la double décomposition par le carbonate de chaux que le phosphate de sesquioxyde de fer.

Pour s'en assurer, ce chimiste a d'abord recherché si le phosphate de protoxyde de fer était moins attaquable par les carbonates que le phosphate de sesquioxyde ; il a placé dans un litre d'eau distillée 2 grammes de phosphate de protoxyde de fer et 4 grammes de carbonate de potasse, et en même temps, dans un autre litre d'eau, 2 grammes de phosphate de sesquioxyde et 4 grammes de carbonate de potasse.

Il a obtenu, dans le premier cas :

0 gr. 058 d'acide phosphorique ;

dans le second :

0 gr. 158 d'acide phosphorique.

En mettant dans l'appareil à eau de Seltz du phosphate de protoxyde de fer et du carbonate de chaux, on n'obtient que des traces d'acide phosphorique en dissolution ; en y mettant du phosphate de sesquioxyde, on trouve, au contraire, des quantités notables d'acide phosphorique en dissolution.

Si l'augmentation de solubilité si évidente des nodules après leur exposition à l'air tient à la réaction qui s'établit entre le carbonate de chaux de la poudre et le phosphate de fer, il est probable que les nodules les plus riches en oxyde de fer seront ceux qui se dissoudront en plus grande quantité dans l'eau de Seltz.

En effet, 10 grammes de deux poudres renfermant :

|  | N° 1. | N° 2. |
|---|---|---|
| Phosphate de fer | 6,3 | 11,1 |
| Acide phosphorique total | 29,6 | 20,9 |
| Carbonate de chaux | non dosé | non dosé |

ont été mis dans l'appareil à eau de Seltz ; on a trouvé :

|  | N° 1. | N° 2. |
|---|---|---|
| Acide phosphorique en dissolution | 0,063 | 0,172 |

Les deux poudres étaient anciennes l'une et l'autre ; on voit que c'est la plus riche en phosphate de fer qui a donné la plus grande quantité d'acide phosphorique en dissolution, bien qu'elle en renfermât moins.

« C'est donc, dit M. Dehérain, à l'action de l'oxygène sur le phosphate de fer que j'attribue l'accroissement de solubilité de la poudre des nodules dans les acides faibles que j'avais observé dès mes premières recherches, observation dont M. Bobierre a également reconnu la justesse. »

Tous ces faits démontrent suffisamment que la présence de quelques centièmes de phosphate ferrique dans les nodules , connue depuis longtemps et signalée de nouveau en 1859 par M. Delanoue, n'a aucune portée défavorable sur l'application des phosphates fossiles en agriculture.

Enfin, ce que j'ajouterai comme acquis à la science, au sujet de l'action des sels alcalins sur les nodules pulvérisés, c'est que le phosphate ferrique est soluble dans une dissolution aqueuse d'ammoniaque. Quant au phosphate de chaux , non-seulement il est décomposable par les carbonates alcalins, mais encore cette décomposition se fait *beaucoup mieux à la température ordinaire* qu'à celle de l'ébullition (1). Entre cette circonstance et l'action des liquides qui circulent dans les terrains feldspathiques, le rapport est immédiat.]

Tout cela , Messieurs, est quelque peu scientifique; je me hâte de rentrer sur le terrain de l'expérimentation élémentaire.

J'ai voulu tout d'abord, et malgré l'époque défavorable, faire, en mars 1857, quelques essais sur la culture du froment; j'ai , pour cela, opéré sur une terre défrichée quelques jours seulement avant l'expérience, et dans laquelle j'ai comparativement employé des nodules pulvérisés à 55 % de phosphate, et du noir animal

(1) Henri Rose. *Traité complet d'analyse.* T. I , pag. 547.

en petits grains à 72 %. La terre, riche en humus et en principes acides, offrait les meilleures conditions pour dissoudre les phosphates terreux.

L'engrais fut employé à la dose de six hectolitres à l'hectare. Les résultats observés furent les suivants :

Dans les pièces qui avaient reçu du froment, il n'y eut pas de différence appréciable entre le produit du noir animal, du phosphate fossile légèrement animalisé, et du même phosphate mélangé de charbon très poreux. Il y eut une supériorité assez marquée, et à laquelle j'étais loin de m'attendre, dans une autre pièce où les nodules purs et simplement réduits en poudre très fine, avaient été employés comparativement avec le noir animal en petits grains. Dans tous ces essais, du reste, la récolte fut médiocre, quel que fût l'engrais adopté, en raison de l'époque trop récente du défrichement.

Deux pièces de terre furent ensemencées d'avoine et fumées, l'une avec des nodules en poudre, l'autre avec du noir animal. Dans les deux cas, les produits furent beaux ; et, ici encore, aucune différence appréciable, soit dans la quantité, soit dans l'aspect de la récolte, ne fut observée.

Malgré les conditions défavorables dans lesquelles cet essai préliminaire avait eu lieu, je fus frappé, je dois l'avouer, de voir mes prévisions mises en défaut au sujet de l'action des phosphates fossiles employés seuls et à l'état de poudre fine. Mes recherches de laboratoire sur quelques coefficients de solubilité dans l'acide carbonique, les lois de l'analogie, enfin, il faut bien le dire aussi, l'ignorance de la science actuelle sur les modifications qu'éprouvent les nodules en présence de l'air contenu dans le sol arable, tout cela me conduisait à regarder ces engrais comme lentement assimilables, et devant, sous ce rapport, être classés assez loin du noir d'os. Cependant, l'expérience agricole semblait contredire mes idées préconçues.

Cette contradiction se manifesta de nouveau dans des essais plus concluants.

Ma seconde série d'expériences eut lieu sur la culture du sarrasin qui, dans l'Ouest, absorbe des masses énormes de noir animal. Le surplus des quantités assimilées par cette plante reste dans le sol, où son action se fait ultérieurement sentir sur les froments d'hiver.

Pour me mettre, autant que possible, à l'abri des influences nombreuses et inégales des expériences faites en grand, je résolus de faire mes essais dans des pots, sur des substances pesées, et en présence d'éléments d'irrigation et d'exposition parfaitement identiques.

Onze pots furent remplis de terre extrèmement maigre et provenant de la désagrégation des roches schisteuses. La terre fut mélangée dans chaque pot avec 10 grammes d'engrais, et deux grains de sarrasin y furent semés le 25 juin. Jusqu'au 22 septembre, jour où l'expérience fut complètement terminée, l'arrosage des pots eut lieu deux fois par jour, au moyen d'eau de pluie. La végétation marcha bien, sauf dans le cas où il y eut emploi de terre sans engrais et de nodules traités par 20 °/₀ d'acide sulfurique.

Dans ces deux circonstances, les plantes furent maigres, souffreteuses, et donnèrent une récolte insignifiante. Il ne faut pas oublier que la maigreur de la terre employée était poussée à l'extrême ; l'humus n'y existait qu'en proportion très minime ; l'aptitude à retenir l'eau et à condenser les gaz était aussi faible que possible.

Au bout de trois semaines, il était facile d'apprécier la favorable influence de l'acide phosphorique sur le sarrasin. Là où agissait le phosphate de chaux animalisé et le mélange de sang et de poudre de nodules, il y avait une végétation aussi luxuriante que précoce. Le noir animal était distancé. En raison de la maigreur du sol, le phosphate de chaux pur donnait de tristes résultats. Voici le résumé complet de ces observations, faites avec le plus grand soin.

## RÉSULTATS DE LA CULTURE DU SARRASIN

*dans une terre argilo-schisteuse, dépourvue d'humus, et en présence d'une quantité d'acide phosphorique excédant les besoins de la récolte.*

| DÉSIGNATION DE L'ENGRAIS. | GRAIN sec récolté. | PAILLE sèche récoltée. | Récolte totale. | Hauteur de la plante | NOMBRE des grains. | Observa-tions. |
|---|---|---|---|---|---|---|
| Phosphate fossile en grains grossiers, contenant 54 °/₀ de phosphate......... | 0.368 | 1.280 | 1.648 | 0ᵐ.30 | 12 | |
| — en poudre fine.................... | 0.462 | 1.458 | 1.920 | 0ᵐ.36 | 34 | |
| — mélangé de charbon de bog-head et très faiblement animalisé..... | 1.282 | 1.810 | 3.092 | 0ᵐ.50 | 111 | |
| — mélangé de sang sec et contenant 5 °/₀ d'azote................ | 1.693 | 2.190 | 3.883 | 0ᵐ.44 | 137 | |
| — traité par 20 °/₀ d'acide sulfurique et neutralisé par la craie...... | 0.020 | 0.870 | 0.890 | 0ᵐ.27 | 2 | Avorté. |
| — traité par l'acide chlorhydrique.................... | 0.547 | 0.790 | 1.337 | 0ᵐ.30 | 33 | |
| — pur, régénéré des nodules.................... | 0.630 | 0.700 | 1.330 | 0ᵐ.30 | 40 | |
| Noir de raffinerie, 67 °/₀ de phosphate et 1 °/₀ d'azote.................. | 0.970 | 0.893 | 1.863 | 0ᵐ.38 | 64 | |
| Noir provenant des fabriques de gélatine,(83 °/₀ de phosphate) et 5 °/₀ de charbon | 0.212 | 0.375 | 0.587 | 0ᵐ.29 | 18 | Mal venu. |
| Guano des Caraïbes, 74 °/₀ de phosphate, 4 millièmes d'azote........... | 0.703 | 0.845 | 1.548 | 0ᵐ.35 | 45 | |
| Terre maigre sans engrais.................... | 0.040 | 0.723 | 0.764 | 0ᵐ.27 | 4 | Avorté. |

Ce qu'il importe tout d'abord de constater en faisant l'examen de ces chiffres, c'est qu'ils éclairent un point spécial de la question, *sans constituer pour cela, bien entendu, une échelle de rendement applicable aux conditions de la grande culture.* Il est évident, en effet, que l'action d'entraînement produite par l'azote n'était point adaptée ici au phosphate du noir animal comme à celui des nodules mélangés de sang. Je vous ferai toutefois remarquer que l'expérience 3, dont les résultats sont très beaux, a été faite sous l'influence de faibles proportions de substances animales. Le charbon végétal poreux avait-il une action condensatrice immédiatement utilisée ? Cela semble probable.

Trois récoltes de sarrasin faites en 1858, dans les mêmes conditions d'arrosage et de soustraction à toute influence perturbatrice extérieure, m'ont fourni pour deux plants :

| DÉSIGNATION DE L'ENGRAIS. | HAUTEUR de la plante. | POIDS du grain récolté. | NOMBRE des grains. |
|---|---|---|---|
| Noir animal seul, 60 °/₀ de phosphate........ | 0$^m$.30 | 0$^g$.685 | 27 |
| Poudre fine de nodules.................... | 0$^m$.60 | 2$^g$.670 | 110 |
| Nodules traités par l'acide sulfurique......... | 0$^m$.18 | 0$^g$.080 | 6 |

Le mauvais effet du phosphate acidifié ne proviendrait-il pas de l'absence de bases énergiques dans le sol factice où se faisaient mes expériences? Je suis très porté à le croire.

Au surplus, Messieurs, les résultats de ces essais, qui pouvaient avoir un certain intérêt à l'époque où je les commençai, sont aujourd'hui confirmés par des expériences nombreuses et convaincantes effectuées sur une grande échelle. La pratique a établi la réalité des propositions que je formulais en 1857, et à l'expression desquelles je n'ai pas un mot à changer.

1° Les nodules de phosphate de chaux, réduits en poudre fine et exposés quelques mois à l'air, sont assimilables par les végétaux ;

2° Leur action favorable dans les sols granitiques et schisteux, dans les défrichements des landes et bruyères, peut être variable, selon qu'on les emploie seuls ou associés à des substances organiques ;

3° Ainsi que cela se remarque dans l'emploi des phosphates du noir animal, il y a convenance, tantôt à associer des substances organiques aux nodules, pour fertiliser les terres pauvres en agents dissolvants ; tantôt, au contraire, à les employer seuls, dans les défrichements où abondent les détritus végétaux ;

4° L'addition du sang aux nodules en poudre fine donne des résultats excellents, au triple point de vue du rendement en grain, de la vigueur de la paille et de la précocité ;

5° Il n'y aura probablement lieu d'employer l'action des acides, pour favoriser l'assimilation des nodules, que dans les terres ou les cultures où le *superphosphate* est actuellement reconnu utile par les agriculteurs. Dans tous les cas, au contraire, où le noir d'os en grains est rapidement dissous, les nodules en poudre fine seront eux-mêmes assimilés.

[Parmi les documents qui me sont récemment parvenus au sujet de l'action favorable des phosphates fossiles en poudre fine, j'en citerai particulièrement trois dont l'importance m'a semblé décisive :

M. le marquis de Vibraye, président du comice de Blois, a consacré, sur sa terre de Cheverny, deux champs des domaines de la Rousselière et du Colombier à des expériences sur divers engrais phosphatés et sur leur relation avec les amendements calcaires. Tous ces engrais ont été appliqués dans les mêmes conditions, après défrichement.

Les expériences de Cheverny ont été entreprises sans idées préconçues, et M. le marquis de Vibraye a voulu leur donner un cachet d'authenticité irrécusable. Pour faciliter les opérations de contrôle et éviter les erreurs, il a demandé le concours de plusieurs des membres du bureau du comice de Blois. Les rendements ont été constatés par MM. Noël, président de la section de la Beauce ; Roussel, président de la section de la Sologne ; Charrier, secrétaire de la section de la Beauce ; Roussel-Hudelist, secrétaire de la section de la Sologne ; Salvat, secrétaire du comice ; Emile Roger, membre du bureau, délégué du canton de Marchenoir, qui, juges impartiaux, ont fait faucher, rentrer, battre, mesurer et peser devant eux les différents produits des champs d'expérience.

Sauf les anomalies que l'état météorologique tout spécial de 1860 a pu causer, ces expériences ont donc une authenticité qui les rend fort dignes d'intérêt. Elles sont représentées dans les tableaux ci-annexés.

TABLEAU Nº 1.

TABLEAU N° 1.

## RÉSULTATS OBTENUS DANS UN HECTARE DE BRUYÈRES (¹)

*défrichées en 1859, ayant reçu la même année un sarrasin et en 1860 une avoine.*

| N°s d'ordre. | NATURE ET QUANTITÉ D'ENGRAIS OU D'AMENDEMENTS EMPLOYÉS A L'HECTARE et représentant 100 fr. sauf pour le n° 10. | VOLUME du grain. | | POIDS | | | |
|---|---|---|---|---|---|---|---|
| | | | | du grain. | de la paille. | des déchets. | Total. |
| | | h. | l. | k. g. | k. h. | k. g. | k. g. |
| 1 | Marne seule, 100 mètres cubes ou chaux 50 hectolitres. { Marne....... | 9 | 28 | 321 900 | 639 3 | 78 720 | 1039 920 |
| | { Chaux....... | 10 | 16 | 385 460 | 1000 » | 105 714 | 1494 174 |
| 2 | Fumier et phosphate fossile, 25 mètres cubes de fumier et 300 kilogrammes de phosphate (Le fumier estimé 3 fr. le mètre cube et le phosphate 8 fr. les 100 kilogrammes)..................... | 34 | 92 | 1611 034 | 4460 3 | 276 190 | 6347 524 |
| 3 | Cendres lessivées, 100 hectolitres..................... | 36 | 50 | 1628 192 | 5174 6 | 317 460 | 7120 252 |
| 4 | Cendres vives, 50 hectolitres ..................... | 46 | 66 | 2072 683 | 6787 3 | 292 063 | 9152 046 |
| 5 | Guano , 250 kilogrammes..................... | 51 | 42 | 2242 477 | 6738 » | 122 222 | 9102 699 |
| 6 | Noir animal mélangé de chairs, 500 kilogrammes..................... | 31 | 74 | 1365 298 | 4126 9 | 42 857 | 5535 055 |
| 7 | Noir animal revivifié, 700 kilogrammes..................... | 42 | 85 | 1923 450 | 5698 4 | 52 380 | 7674 230 |
| 8 | Noir animal vierge , 500 kilogrammes..................... | 43 | 17 | 1920 417 | 5793 6 | 47 619 | 7761 636 |
| 9 | Phosphate fossile, 1,300 kilogrammes..................... | 41 | 90 | 1875 946 | 5590 4 | 60 317 | 7526 663 |
| 10 | Phosphate fossile, 750 kilogrammes. (La fumure était ici un minimum)... | 12 | 06 | 501 430 | 1571 4 | 17 460 | 2090 290 |

(1) La surface réellement ensemencée était de 3 ares 15 centiares ; les chiffres ont été ramenés par le calcul à la surface de 1 hectare.

TABLEAU N° 2.

## RÉSULTATS OBTENUS DANS UN HECTARE DE BRUYÈRES (¹)

*défrichées et écobuées en 1859, ayant reçu la même année un sarrasin et en 1860 une avoine.*

| N°s d'ordre. | NATURE ET QUANTITÉ D'ENGRAIS OU D'AMENDEMENTS EMPLOYÉS A L'HECTARE et représentant une dépense de 100 francs. | VOLUME du grain. | | POIDS | | | | | | |
|---|---|---|---|---|---|---|---|---|---|---|
| | | | | du grain. | | de la paille. | | des déchets. | | Total. |
| | | h. | l. | k. | g. | k. | h. | k. | g. | k. g. |
| 1 | Cendres lessivées, 100 hectolitres | 23 | 57 | 821 | 430 | 3199 | 995 | 71 | 430 | 4092 855 |
| 2 | Cendres vives, 50 hectolitres | 15 | 71 | 1028 | 570 | 3642 | 855 | 100 | » | 4771 425 |
| 3 | Guano, 250 kilogrammes | 54 | 29 | 2392 | 855 | 6142 | 950 | 78 | 575 | 8614 380 |
| 4 | Noir animal mélangé de chairs, 500 kilogrammes | 19 | 99 | 878 | 570 | 3000 | » | 142 | 860 | 4021 430 |
| 5 | Noir animal revivifié, 700 kilogrammes | 27 | 14 | 1207 | 100 | 3542 | 855 | 114 | 285 | 5864 240 |
| 6 | Noir animal vierge, 500 kilogrammes | 37 | 14 | 1635 | 715 | 4529 | 570 | 57 | 145 | 6222 430 |
| 7 | Phosphate fossile, 1,300 kilogrammes | 34 | 29 | 1549 | 995 | 4293 | 855 | 128 | 570 | 5972 420 |
| 8 | Chaux, 50 hectolitres | 14 | 28 | 628 | 570 | 1978 | 670 | 78 | 575 | 2685 815 |
| 9 | Fumier et phosphate fossile, 25 mètres cubes de fumier et 500 kilogrammes de phosphate | 42 | 86 | 1892 | 960 | 5215 | 280 | 135 | 715 | 7243 955 |
| 10 | Marne, 100 mètres cubes | 22 | 85 | 949 | 995 | 3499 | 995 | 100 | » | 4549 990 |

(1) Même observation que pour le premier tableau.

M. le marquis de Vibraye déclare avec un grand sens, en publiant ces tableaux, qu'ils ne constituent que des données préparatoires, et dont la confirmation doit être demandée à des expériences ultérieures. Ce que je ferai remarquer à leur égard, c'est qu'il eût été intéressant de donner la composition des noirs d'os employés, afin de connaître dans quelle proportion les substances azotées et l'acide phosphorique concouraient à les constituer. Cette connaissance eût jeté une lumière nécessaire sur les différences constatées (tableau 1) entre les numéros 6 et 7 et (tableau 2) entre les numéros 4, 5 et 6. Quelle était, d'autre part, la richesse des nodules employés? Il eût été utile de le déterminer.

Il convient également de remarquer que les résultats obtenus (tableau 2, n° 9) par l'emploi du phosphate fossile combiné au fumier, et qui sont résumés par une récolte de 42 hectolitres 86 centièmes de grains à l'hectare, ne coïncident pas avec un épuisement du sol comparable à celui qu'amène nécessairement l'emploi du guano péruvien (tableau 2, n° 3).

C'est particulièrement, selon moi, *dans cet emploi combiné du fumier et des nodules en poudre, que réside le grand avantage de ces derniers pour les cultures régulières et prolongées.* En ce qui concerne l'opération du défrichement, c'est un fait spécial et transitoire; nous y reviendrons tout à l'heure.

Une expérience fort instructive instituée par M. le marquis de Vibraye et sur laquelle j'appelle l'attention des agronomes, est la suivante. Cet expérimentateur avait ménagé à l'extrémité de chacune des planches d'expérimentation, et dans un sens transversal, deux autres planches amendées par le calcaire : 1° sous forme de marne ; 2° sous forme de chaux vive. La pratique a démontré une fois de plus l'inertie des phosphates sur les terres ainsi traitées, sauf toutefois le cas spécial, où le fumier d'étable a été ajouté au phosphate fossile. Dans cette circonstance, un bon résultat a été obtenu *malgré le calcaire*; les produits de la décomposition du fumier ont facilité la dissolution des phosphates et l'assimilation de l'acide phosphorique par les végétaux (1).

M. Lecouteux dont les travaux agronomiques sont justement appréciés me fait connaître d'autre part qu'il a essayé l'emploi des nodules pulvérisés aux environs de Lamotte-Beuvron. Trois hectares ensemencés de seigle (1860) ont été placés par cet expérimentateur dans le même état que vingt autres hectares fumés à l'aide du noir animal azoté de l'usine de Lamotte-Beuvron.

Sur les phosphates fossiles comme sur le noir animal, M. Lecouteux a obtenu 530 gerbes à l'hectare, soit 25 hectolitres de seigle; la quantité d'engrais employée était d'une part 500 kilog. de phosphate fossile coûtant 30 fr., et d'autre part 5 kectolitres de noir à 13 fr. , soit 65 fr. Lorsqu'on opère sur des terres de bruyères récemment défrichées , on peut donc obtenir des avantages sérieux par l'emploi des nodules en poudre; aussi M. Lecouteux me fait-il savoir (décembre 1860), qu'il se dispose à employer cet engrais sur une vaste échelle et comparativement avec les guanos naturels et artificiels, le noir animal, etc.

Enfin, M. Pichelin aîné, fabricant d'engrais honorablement placé, et que le Jury de l'Exposition Nationale de 1860 a jugé digne de la médaille d'or, a fait, de son côté, des essais dont il m'a communiqué les résultats dans les termes suivants : « Avec 500 kilog. de phosphate fossile, j'ai obtenu 26 hectolitres de seigle par hectare; le noir animal employé à la dose de 5 hectolitres, m'a fourni 25 hectolitres de seigle , le sol étant à peu de chose près identique dans les deux cas; la dépense en noir excédait de 30 fr. celle représentée par l'achat du phosphate. Ce

(1) M. Corenwinder a constaté (*Annales de Chimie et de Physique*), vol. XLVIII, qu'une couche de bouse de vache ayant un mètre carré de surface et 8 centimètres de profondeur , fournit en 24 heures 20 litres d'acide carbonique, soit, 2,000 hectolitres par hectare. Le fumier de ferme, dans le même temps, donne 1,200 hectolitres de ce gaz par hectare; le crottin de cheval récent 500 hectolitres ; le même, au bout de huit jours, 8,800 hectolitres.

dernier engrais était calculé à raison de 7 fr. 35 les $^o/_o$ kilog. et le noir à raison de 13 fr. 65 l'hectolitre. »

« Sur des défrichements de deuxième année, ajoute M. Pichelin, mes résultats ont été moins brillants ; ils sont représentés par les chiffres qui suivent :

| SURFACE OBSERVÉE. | ENGRAIS EMPLOYÉS. | DÉPENSE. | RENDEMENT en seigle. |
|---|---|---|---|
| 1 hectare........ | 5 hectolitres de noir à 13 francs... | 65 fr. | 27 hectol. |
| Id.......... | 500 kilogrammes nodules pulvérisés à 7 francs..................... | 35 fr. | 17 — |
| Id.......... | 500 kilogrammes nodules humectés de sang...................... | » | 20 — |
| Id.......... | 800 kilogrammes nodules humectés de nitrate de soude............ | » | 19 — |

Il y a évidemment, en raison de la faible dépense de l'expérience n° 2, un avantage très réel obtenu, et les phosphates fossiles ont décidément conquis leur place en dépit des oppositions dont leur emploi a été tout d'abord l'objet. Ce qui est vrai, c'est que ces phosphates ne constituent pas une panacée universelle, et sous ce rapport, ils ressemblent aux meilleures choses; mais ce qui est indiscutable désormais, c'est que *leur emploi dans les défrichements ou leur association à des fumiers et à des détritus organiques animaux*, communiquera une puissante impulsion à l'agriculture.]

Déjà, Messieurs, ces vérités se vulgarisent, malgré cette immense force de la routine qui s'appelle inertie. Déjà des hommes honorables appliquent tous leurs moyens d'action à la recherche et à la propagation officielle des résultats que les phosphates minéraux peuvent fournir dans le défrichement et la culture des sols argilo-schisteux. Tout récemment (novembre 1858) — et c'est un exemple que j'aime à signaler — le comité central des comices agricoles de Guingamp distribuait à ses lauréats de la poudre de pseudo-coprolithes en même temps que des instruments et des primes en argent. On ne saurait trop applaudir à des efforts aussi intelligents et faire trop de vœux pour qu'ils soient imités. En général, il faut le dire, les comices ne semblent pas suffisamment pénétrés de cette pensée que la question des engrais a tout autant d'importance que celle des instruments.

[Lorsqu'on se place au point de vue commercial, on est conduit à regretter que les frais de transport des phosphates fossiles soient affectés à la portion notable de matières siliceuses qu'ils renferment. Aussi, bien des expériences ont-elles été tentées déjà pour isoler les phosphates contenus dans les nodules. Parmi les moyens proposés, il en est un, dû à M. Martin, qui est ingénieux, et pourrait avoir des avantages dans une localité où se fabriquerait l'acide chlorhydrique, à proximité d'un gisement de nodules. Voici ce procédé, tel qu'il m'a été communiqué par son auteur:

1,000 kilog. de nodules en poudre se dissolvent rapidement dans un mélange composé de 1,000 kilog. d'acide chlorhydrique à 22 degrés et de 500 kilog. d'eau. La température nécessaire varie entre 70 et 80 degrés centig.

La dissolution acide est séparée par décantation de la matière siliceuse brune qui s'est déposée. Cette dissolution contient surtout les phosphates enlevés aux nodules, plus du chlorure de calcium, matière déliquescente et nuisible à la végétation.

La dissolution acide est évaporée à siccité dans un four à réverbère analogue à ceux où l'on opère la décomposition du sel marin. Le résidu consiste en phosphate de chaux ferrugineux et en chlorure de calcium. Ce résidu, traité par l'eau, abandonne ce chlorure, et constitue dès-lors une substance très riche en acide phosphorique.

Pour éviter les lavages longs et dispendieux destinés à la séparation du chlorure de calcium, on peut décanter la dissolution mixte contenant encore le chlorure de calcium et y ajouter du biphosphate de chaux.

Le biphosphate de chaux, en effet, décompose le chlorure de calcium à la température rouge, en donnant lieu à un dégagement d'acide chlorhydrique. Or, comme dans l'opération dont il s'agit on n'a à décomposer que 11 % environ de chlorure de calcium, il est facile de comprendre l'avantage et la rapidité de cette opération.

Ce qu'il faut également remarquer, c'est que ce traitement fort simple des nodules est compatible avec la condensation de la plus grande partie de l'acide employé. Le prix de revient des phosphates obtenus par cette méthode ne serait donc pas considérable dans une localité où des usines à produits chimiques seraient voisines de gisements de nodules.

M. Buran a proposé de dissoudre les nodules dans l'acide chlorhydrique ou dans les résidus acides chargés de chlorure de manganèse, qui proviennent de la fabrication du chlore, puis de les précipiter ultérieurement par l'ammoniaque ; on obtient ainsi des mélanges complexes de phosphates de chaux, de fer et de manganèse, dont le prix de revient me semble trop élevé, puisque le phosphate mixte est offert à 35 centimes le kilog. Ce prix est de beaucoup supérieur à celui du phosphate de chaux presque pur obtenu des liquides des fabriques de gélatine. M. Buran a également constitué des mélanges dits *phosphates assimilables*, dont un échantillon, prélevé dans des sacs expédiés à Nantes en août 1858, m'a donné le résultat suivant pour cent parties de matière séchée à 105 degrés :

| | |
|---|---:|
| Eau de combinaison et substances volatiles... | 30,20 |
| Sable siliceux........................... | 25,40 |
| Phosphate mixte soluble dans l'eau........ | 4,00 |
| Chlorure de calcium...................... | 12,80 |
| Phosphate de chaux...................... | 12,00 |
| Phosphate de fer et de manganèse........ | 15,60 |
| | **100,00** |

Deux échantillons de ces *phosphates assimilables* analysés antérieurement m'avaient fourni 1,27 et 2,52 d'azote à l'état de sel ammoniacal. Ces engrais étaient déliquescents en raison de la forte proportion de chlorure de calcium qu'ils contenaient.

M. Boblique a récemment proposé (1) de combattre ce qu'il appelle l'inefficacité des phosphates fossiles, par une méthode qu'il résume ainsi :

« Les nodules pulvérisés sont mélangés à 50 °/₀ de leur poids de sel marin ; je donne, pour cet emploi, la préférence aux sels de morue ou de cuirs dont le prix dans nos ports de mer est très-minime. Ce mélange est porté, dans des fours ou des cylindres, à une température un peu inférieure au rouge, en présence d'un courant de vapeur d'eau.

» Si, comme cela se présente quelquefois, les nodules ne contiennent pas une quantité suffisante de silice, il faut en augmenter la proportion par une addition préalable.

» La réaction de la silice sur le chlorure de sodium en présence de la vapeur d'eau est connue ; il se forme du silicate de soude et de l'acide chlorhydrique. Dans ce cas particulier, ce dernier porte son action sur le phosphate de chaux auquel il enlève deux équivalents de chaux pour donner naissance à du chlorure de calcium et à du biphosphate de chaux ; cependant tout l'acide phosphorique n'est pas combiné à de la chaux ; il se forme quelquefois une assez forte quantité de phosphate de soude. Je pense que ce dernier produit est dû surtout à la décomposition du phosphate de fer ; tout ce métal se retrouve en effet à l'état de sesquioxyde, cristallisé en paillettes, ainsi qu'on l'a constaté depuis longtemps en calcinant du sulfate de fer et du chlorure de sodium.

» La même opération fournit donc des silicates et des phosphates qui se retrouvent à l'état sec, sans excès d'acide, et qui peuvent céder aux plantes avec une grande facilité, non-seulement de la silice et de l'acide phosphorique, mais encore une forte quantité d'alcali. »

(1) *Comptes-rendus de l'Académie des Sciences.* 19 novembre 1850.

Si nous avions à conclure au sujet de ces diverses méthodes, nous nous empresserions de rendre hommage à l'esprit qui les a dictées, mais d'exprimer un doute au sujet de leur portée agricole.

Tout d'abord, on part généralement d'une base fausse lorsqu'on prend pour point de départ l'inefficacité des nodules. Que ces nodules soient en poudre fine, que la poudre ait été modifiée par l'action de l'air, et qu'on emploie cet engrais dans un sol comportant l'emploi de l'acide phosphorique, et on constatera *que les phosphates fossiles sont parfaitement assimilables.* Qu'on mélange les phosphates fossiles avec des fumiers, et on obtiendra de si beaux résultats, que même dans de vieilles terres, il y aura grand avantage à répéter longtemps cette opération. En présence de ces faits, à quoi bon traiter les nodules pour diminuer de quelques centimes le prix de transport des 100 kilog.? Dans le plus grand nombre de cas, poser cette question c'est la résoudre. Je sais qu'on a parlé de la possibilité d'expédier en Angleterre des quantités immenses de phosphates, si on parvenait à les séparer économiquement des matières siliceuses qui en grèvent aujourd'hui le transport; mais c'est là un point de vue tout spécial et auquel notre agriculture est étrangère. Ce qu'il nous importe à nous de constater, c'est que, jusqu'à présent, le transport des nodules en poudre jusqu'aux départements de l'Ouest et du Centre, n'est pas tellement entravé par la présence des matières siliceuses, qu'il y ait une marge suffisante pour les frais de traitement préalable de ces engrais à l'aide d'agents chimiques.]

# NEUVIÈME LEÇON.



MESSIEURS ,

En étudiant successivement les produits osseux et les substances coprolithiques, nous avons examiné le passé et le présent d'un problème de chimie agricole dont il me reste désormais à caractériser l'avenir. Ce sera le but de cette conférence.

Ce n'est pas seulement à l'état de substances coprolithiques ou d'os fossiles que le phosphate de chaux d'origine ancienne nous apparaît dans le sol. Il existe, en effet, des gisements énormes de cette matière constituant une véritable pierre analogue aux matériaux qu'on extrait des carrières. Telle est son abondance en Estramadure, telle a été pendant longtemps l'ignorance sur le parti qu'on pouvait en tirer, qu'on s'est servi quelquefois de ce phosphate pour élever des clôtures de propriété et construire des maisons ! Un tel état de choses ne pouvait se perpétuer en plein dix-neuvième siècle et au milieu des prodiges qu'accomplit chaque jour la science industrielle. La lumière n'a pas tardé à se faire sur les richesses enfouies dans les gisements de phosphate de chaux de l'Estramadure, et cette question, consciencieusement étudiée par les Daubeny, Widdrington, de Luna, Rosway, etc. , peut être désormais considérée comme l'une des faces curieuses du problème que j'ai l'honneur de discuter devant vous.

Au treizième siècle, Bowles, savant anglais, chargé par le roi Ferdinand IV de la description des richesses naturelles de l'Espagne, signalait déjà l'existence d'un des principaux filons de phosphate de chaux de Logrosan. Ce minerai, dont la phosphorescence toute spéciale avait attiré l'attention, fut désigné par les Espagnols sous le nom de *fosforita*. On le connaît indifféremment en Angleterre et en France sous les noms de *phosphorite* ou d'*apatite*, bien que ces deux mots ne soient pas synonymes. L'apatite est une substance à caractères constants, tandis que dans le phosphorite de Logrosan, le phosphate de chaux est associé à des matières diverses dont la proportion varie. Mais ces détails n'ont point ici une très grande importance, et ce qu'il m'importe de vous signaler, c'est la composition moyenne du phosphate de Logrosan, telle que l'ont déterminée les ingénieurs ou chimistes dont je vous ai tout à l'heure cité les noms.

*Composition de la phosphorite de Logrosan.*

| | DAUBENY. | ÉCOLE DES MINES de Saint-Etienne | R. DE LUNA. |
| --- | --- | --- | --- |
| Eau | » | 0.40 | » |
| Phosphate basique de chaux | 81.15 | 95.00 | 82.00 |
| Phosphate de magnésie | » | » | 1.00 |
| Fluorure de calcium | 14.00 | 2.25 | 8.00 |
| Peroxyde de fer | 3.14 | traces. | » |
| Phosphate de fer | » | » | 7.00 |
| Silice | 1.70 | 2.00 | 2.00 |
| Chlorure de calcium | » | 0.35 | » |
| | 99.99 | 100.00 | 100.00 |

Les différences qui existent entre ces analyses démontrent que la masse de phosphate n'est pas complètement homogène. Ce n'est pas là, d'autre part, de l'apatite proprement dite. Dans cette dernière substance, en effet, il y a constamment trois proportions de phosphate basique de chaux unies à une proportion de chlorure ou de fluorure de calcium (1). Ce qui ressort toutefois des

(1) [M. Voelcker a trouvé dans des apatites de Kragero (Norwége), dont la consommation en Angleterre est très forte, des quantités variables de chlorure de calcium, sans traces de fluorure, et un excès de chaux, ce qui ne s'accorde pas avec la formule admise pour l'apatite.

|  | Apatite rouge. | | blanche. | |
| --- | --- | --- | --- | --- |
| Eau hygroscopique...... | 0,43 | 0,43 | 0,19 | 0,298 |
| Eau de constitution...... | 0,40 | 0,40 | 0,23 | 0,198 |
| Acide phosphorique..... | 41,88 | 41,74 | 41,25 | 42,280 |
| Chaux................... | 53,45 | 54,12 | 56,62 | 53,350 |
| Chlorure de calcium..... | 1,61 | 1,61 | 6,41 | 2,160 |
| Magnésie............... | » | 0,20 $(Fe^2O^3)$ | 0,29 | 0,920 |
| Phosphates de fer et d'alumine................... | 1,66 | 0,45 $(Al^2O^3)$ | 0,38 | |
| Parties insolubles........ | 1,24 | 0,97 | 0,82 | 0,990 |
| Alcalis................. | » | 0,50 | 0,17 | » |
|  | 99,67 | 100,22 | 100,36 | 100,196 |

*Philosophical Magazine Journal für praktische Chemie.* **T. LXXVI,** pag. 63. — 1859.

Ces échantillons, dit **M. Wurtz** (*Répertoire de chimie,* mai 1859), avaient subi un commencement de décomposition.

Voici la composition de quelques apatites :

| | | |
| --- | --- | --- |
| Apatite du cap de Gata (Espagne)................... | Phosphate de chaux. | 92,066 |
| | Fluorure de calcium.. | 7,049 |
| | Chlorure de calcium. | 9,885 |
| Apatite de Greiner (Tyrol).... | Phosphate de chaux. | 92,16 |
| | Fluorure de calcium.. | 7,69 |
| | Chlorure de calcium.. | 0,15 |
| Apatite de Ehrenfriedersdorff.. | Phosphate de chaux. | 92,34 |
| | Fluorure de calcium. | 7,69 ] |

chiffres que je viens de mettre sous vos yeux, c'est que le gisement de Logrosan, en raison de sa richesse en phosphate de chaux, doit attirer l'attention de l'industrie et de l'agriculture. Voici, au surplus, les principaux caractères de la phosphorite de cette localité :

C'est une matière blanche, souvent ternie par un enduit ocreux, et dont la densité varie de 2,03 à 2,83. Elle représente 2,400 à 2,825 kilog. par mètre cube, selon que l'expérience est faite sur des blocs compactes ou des fragments de la grosseur du poing. Bien qu'elle soit facile à pulvériser, cette substance a une texture fibreuse et rayonnée ; sa poudre raye le verre (Rosway), et lorsqu'on la projette sur des charbons ardents et dans un lieu obscur, on aperçoit une lueur verdâtre persistante, qui lui a fait donner le nom de *fosforita*. L'apparition de cette lueur se rattache à l'une des mystérieuses actions qui accompagne tout changement de forme de la matière.

Pulvérisée et mise en contact avec de l'eau gazeuse dans un appareil de Briet, la phosphorite n'abandonne que des traces de phosphates à ce dissolvant. Comparativement essayés, les pseudo-coprolithes perdent 20 à 25 milligrammes. J'ai varié les essais ayant pour but la recherche de la solubilité de cette roche, et je l'ai traitée par l'eau saturée de sel marin. Ici encore l'avantage était pour la poudre de nodules.

J'ai tenté enfin de détruire par l'action alternative de la chaleur rouge et de l'eau froide, la texture rayonnée de la phosphorite, et de produire ainsi une amélioration dans sa solubilité. Cette expérience ne m'a donné aucun résultat.

Il y a ici, vous le voyez, Messieurs, des conditions tout à fait différentes de celles que j'ai énumérées, en vous parlant des nodules d'origine vraisemblablement organique. Ici plus de porosité sensible, plus de matière animale interposée, et dès-lors pas d'aptitude à subir ces modifications profondes, ayant l'assimilation pour effet. J'ajouterai que des essais effectués sur le sol à l'aide de la phosphorite simplement mélangée avec des matières animales, ont confirmé les résultats que m'avait fournis la recherche de la solubilité dans le laboratoire.

Jusqu'à présent je n'ai pas constaté que la phosphorite, même en poudre fine, fût sensiblement assimilable ; mais je suis loin, et fort loin, Messieurs, de regarder cette question comme tranchée par les résultats négatifs auxquels des tentatives peu nombreuses m'ont conduit. Il est évident, pour moi, que la phosphorite est beaucoup moins assimilable que les pseudo-coprolithes, mais je n'oserais affirmer encore que des influences analogues au séjour prolongé dans des matières fermentescibles ou à toute pratique, ne conduiront pas à rendre possible l'emploi direct de ce précieux amendement. Il y a là un sujet de recherches pratiques, que je soumets, Messieurs, à vos méditations.

Je dirai plus, des essais agricoles ont été faits par le savant professeur Daubeny, d'Oxford, à son retour d'un voyage d'exploration à Logrosan, et de ses essais il est résulté que la phosphorite employée *seule* a donné des résultats assez favorables. Je dois déclarer, Messieurs, que je n'ai point trouvé cette partie des expériences de M. Daubeny assez concluante pour en reproduire les chiffres. Je crois être prudent, en considérant la question de *l'emploi direct* de la phosphorite comme entière et digne d'être étudiée. Aussi bien la phosphorite, alors même qu'elle ne serait pas assimilable directement, est encore appelée à jouer un rôle considérable dans les cultures de la France et de l'Angleterre. C'est ce qu'il me sera facile de vous démontrer.

Supposez, Messieurs, que la phosphorite pulvérisée ait été traitée par l'acide sulfurique comme le sont quotidiennement chez nos voisins les os ou les phosphates fossiles. Vous comprenez facilement que sa richesse en phosphate réel en fera un élément précieux pour le fabricant. D'autre part, comme dans l'emploi des superphosphates, le phosphate basique, régénéré par l'action des acides du sol, est toujours identique, toutes choses égales d'ailleurs : il en résulte que dans les terrains où réussissent les *superphosphates*, la phosphorite d'Estramadure acidifiée réussira également. C'est ce que les expériences de M. Daubeny ont prouvé surabondamment, et ce qui pouvait, du reste, être affirmé *à priori*.

Voilà, Messieurs, l'état actuel de nos connaissances sur l'action fertilisante du phosphate de chaux de Logrosan. Avant d'aller plus loin et d'envisager l'avenir réservé à la consommation de cette substance, essayons de nous rendre compte de son abondance, des conditions de son extraction et de ses débouchés possibles. Les mémoires inédits de M. Rosway, ingénieur des mines, et de M. de Luna, professeur de chimie à l'université centrale de Madrid, vont nous faciliter cette tâche.

Il résulte d'études sérieuses, que les *filons-couches* de phosphate de chaux de Logrosan sont intercalés entre des schistes siluriens et occupent un espace de 30 à 50 kilomètres carrés. Telle est la puissance de ces filons, qu'ils peuvent être exploités à ciel ouvert ou en tranchées à la base des différentes collines qu'ils prennent en écharpe, et sans frais considérables. L'un d'eux, celui de Costanaza, présente une hauteur verticale de 25 à 50 mètres, dans laquelle le pic du mineur peut agir sans craindre les eaux d'infiltration, et si j'ajoute que sur le lieu d'exploitation le phosphate massif à 90 % de richesse moyenne revient de 75 centimes à 1 franc la tonne, vous comprendrez, Messieurs, que toute la question des phosphates d'Espagne doit se réduire désormais à une question de transports.

[En jetant les yeux sur le plan annexé à ce volume, on y remarquera six gisements principaux et distincts décrits par M Rosway, en parlant de la rivière du *Jinjal*, qui baigne le pied de Logrosan vers le Nord et en se dirigeant vers le Sud.

Le premier est celui dénommé *Jinjal*, qui a été reconnu auprès du moulin de ce nom, un peu avant d'entrer au village, en venant du côté de *Truxillo;* il présente 1$^m$40 à 1$^m$50 de puissance, en moyenne 0$^m$80, et est caractérisé par des affleurements en divers points de son parcours : on peut le suivre sur plus de 400 mètres de longueur; il se retrouve dans des terrains communaux à une très grande distance du point cité : il n'est pas douteux qu'il se prolonge sur tout cet espace; mais M. Rosway le limite à 300 mètres, afin de demeurer au-dessous de la réalité.

Le deuxième gisement, appelé *del Casillon*, pénètre sous l'église de Logrosan, et présente à la sortie du village, au moment où il entre dans les propriétés rurales pour se diriger à la montagne dite *Boyalès*, une masse compacte de phosphate très pur de près de 8 mètres de puissance. On suit le gisement sur une assez grande longueur avec une puissance moyenne de 1$^m$50 à 2 mètres.

Le troisième gisement se trouve déjà de l'autre côté de la butte appelée *Nostra Senora del Consuelo*, et se reconnaît dans l'angle d'une rue du village, d'où il passe immédiatement au dehors, également en direction de la montagne déjà citée et possédant sur son parcours assez étendu une puissance considérable : il forme diverses veines, qui, à très peu de profondeur, doivent se rejoindre en un seul corps: ce gisement a reçu le nom de *Angustias*.

Le quatrième gisement est celui déjà désigné comme *filon de la Costanaza*, à cause du nom d'une des propriétés où il affleure, en présentant de grands épanouissements de puissance : il offre un développement mesuré de 3,700 mètres. Il s'interne dans la même montagne que les précédents et atteint la base de la *Sierra san Cristoval* qui domine le village de Logrosan, en passant aux pieds de l'ermitage *Nostra Senora del Consuelo* et de la fontaine du village (*Cáno redondo*.)

Ce gisement visité par presque tous les étrangers qui ont pris intérêt à la question de Logrosan, a été l'objet d'une série de travaux presque tous superficiels, atteignant cependant quelquefois 10 à 12 mètres et démontrant l'existence du phosphate en profondeur. Sa puissance s'élève en plusieurs points à 8 et 10 mètres; en d'autres bien rares, seulement à 1 mètre, de telle sorte qu'on reste au-dessous de la vérité, en l'estimant, terme moyen, à 2$^m$50 de phosphate de chaux compacte.

A côté de cette ligne de phosphate, en existent deux autres, qui semblent être des ramifications en branches de la veine précédente et qui s'étend sur des distances assez grandes et avec des puissances qui, en somme, arrivent à former plus de 0<sup>m</sup>60. Elles n'entrent pas dans les calculs de M. Rosway.

Un cinquième gisement appelé *Terreros Colorados*, reconnu sur 100 mètres, et d'une puissance de 2 mètres, se trouve être parallèle au sixième gisement, appelé *de la Cumbre bojera*. Il est fort important.

L'examen de l'ensemble de ces gisements paraît démontrer qu'ils s'épanouissent de la *Sierra Boyalès* et se relationnent avec les sierras de *San Cristoval* et *Marcolente*, autour desquelles ils se déploient en forme d'éventail. Leur direction générale est N. 45° E. et leur inclinaison quasi-verticale. Les schistes siluriens qui constituent la roche encaissante sont dirigés N. 15° E. et même N. 45° E.; ils inclinent 70° S. O.

Il ne faut donc pas s'étonner que Proust signale l'abondance de la *fosforita*, à un tel degré qu'on ait pu l'employer à la construction d'édifices et à la clôture des propriétés : le fait, selon M. Rosway, est parfaitement exact, bien qu'il ait été contesté depuis.]

En résumé, de quoi s'agit-il ? De faire arriver la phosphorite en France, de telle sorte que son phosphate réel soit de quelques centimes meilleur marché que le principe calcaire plus assimilable du noir animal. Tout nous prouve que ce résultat est possible dans un avenir prochain. Logrosan est, en effet, en communication avec l'Océan par Séville et Lisbonne. Les frais de transport sur Séville seraient trop considérables ; mais en dirigeant la phosphorite vers le Tage, à la hauteur de *Cédillo*, où ce fleuve est navigable pour des barques de 30 à 35 tonnes, ou bien encore au point nommé *Barcas de Alconetar*, ou enfin à *Alcantara*, qui tous deux sont plus rapprochés de Logrosan, on entrevoit une solution industrielle du problème posé au génie civil moderne.

J'ai sous les yeux un excellent travail auquel j'ai déjà fait allusion et dans lequel M. l'ingénieur Rosway traite avec compétence des transports de la phosphorite. Il résulte des faits développés dans ce travail, qu'en organisant soit un service de charrettes de Logrosan au Tage (1), soit un petit chemin de fer, on pourrait expédier en France et en Angleterre, à des prix commercialement abordables, jusqu'à *deux cent mille tonnes de phosphorite par année*. M. Rosway estime que l'organisation du service de transport de charrettes demanderait 600,000 fr. et le chemin de fer 5,500,000 fr. Dans l'opinion de cet ingénieur, si on ne transportait qu'à l'aide de charrettes — 50 à 60,000 tonnes par an — il faudrait *près d'un siècle* pour épuiser les gisements de Logrosan (2) !

J'ai tout lieu de croire, Messieurs, que si une impulsion vigoureuse était donnée à l'exploitation de la phosphorite de l'Estramadure, le port de Nantes verrait bientôt arriver des phosphates pulvérisés à 90 °/₀ de richesse et au prix de 10 fr.

(1) Le transport par charrettes se fait dans la péninsule dans des conditions fort diverses. En Navarre, où les routes sont assez bonnes, mais où les conditions d'alimentation du bétail sont bien moins favorables qu'en Estramadure, pays essentiellement couvert de pâturages, le type constant et régulier des transports bien organisés est de $0^r,24$ par quintal castillan et par lieue. En Asturie, dans les mines de charbon, où les charretiers font même concurrence au chemin de fer de Gijon, on paie $0^r,27$. — Dans la province de Valence, les charbons du vallon de Santullan, expédiés par le canal de Castille à Valladolid, se transportent à Madrid, depuis ce dernier point, au prix de $0^r,30$, et, exceptionnellement, $0^r,35$ par quintal et par lieue. Or, dans tous les cas cités, il y a bénéfice pour les charretiers. La société exploitante pourrait donc faire le transport à ce prix et même plus économiquement si elle l'organisait avec méthode en achetant des pâturages pour son bétail, en deux ou trois points de halte de la route, et en établissant des relais.

Un très grand nombre de paysans de l'Estramadure vit exclusivement de l'industrie des transports. Les charretiers de Miajadas (cinq lieues de Logrosan) parcourent toutes les routes de l'Espagne : il y a dans cette petite ville plus de 800 charrettes à deux mules. (Un réal vaut $0^f,263$.)

(2) Je dois à l'obligence de M. J. Lebrun des documents intéressants sur les gisements de Logrosan.

les 100 kilogrammes. Ce serait du phosphate pur à 11 centimes le kilogramme.

Si le minerai — comme cela est probable — pouvait être vendu à raison de 9 fr., le phosphate pur serait abaissé au prix de 10 centimes, chiffre évidemment avantageux.

Et permettez-moi, Messieurs, de vous entraîner sur le terrain d'une hypothèse que la tendance industrielle et la puissance scientifique de notre époque élèvent presque à la hauteur d'une réalité. Il existe une localité en France où s'effectue sur une vaste échelle la décomposition du sel marin par l'acide sulfurique. J'ai nommé Marseille qui consomme chaque année environ 20 millions de kilog. de sel pour obtenir les soudes brutes qui entrent dans la production du savon et des *sels de soude*. La décomposition de ces 20 millions de kilog. de sel marin donnerait lieu, dans les usines du Nord ou de Nantes, à la condensation de 24 millions de kilog. d'acide chlorhydrique. A Marseille, cet acide est en grande partie perdu. Eh bien ! supposez maintenant que des phosphorites en fragments arrivent dans ce port et que les produits gazeux des fours à décomposer le sel soient dirigés dans des conduits appropriés, sur le minerai arrosé par des courants d'eau. N'est-il pas évident qu'on aura ainsi obtenu à frais minimes et au grand avantage de la salubrité, une dissolution de phosphate acide ? Cela est incontestable.

Mais poursuivons : de cette dissolution, la chaux précipitera facilement du phosphate basique gélatineux très assimilable. Par évaporation, on pourrait obtenir un résultat analogue, et voilà peut-être une nouvelle et puissante industrie organisée en France.

Remarquez, Messieurs, jusqu'à quel point notre commerce et notre industrie, déjà solidaires de la Péninsule espagnole en beaucoup de circonstances, peuvent entrevoir de nouveaux points de contact avec cette contrée dont le règne minéral est si riche. Ce n'est pas seulement à l'Estramadure que l'agriculture française pourra demander dans l'avenir du phosphate de chaux pour ses défrichements et ses cultures. A quelques heures de Marseille, en effet, à quatre kilomètres seulement du chemin de fer de

Saragosse, il y aurait, si j'en crois des renseignements récents, des gisements assez considérables d'apatite à 25 %, de phosphate en moyenne. Ce qui semble donner une grande portée à cette découverte, c'est la proximité de masses considérables de sulfate de magnésie et de sel marin. Il résulte d'expériences de M. de Luna (1), que la décomposition du sel marin peut avoir lieu sous l'influence du sulfate de magnésie de manière à fournir tout à la fois et le sulfate de soude et l'acide chlorhydrique. C'est dire, Messieurs, que si l'apatite existe en masses considérables dans de telles conditions de voisinage, on arrivera peut-être, grâce à la réaction reconnue par M. de Luna, à expédier facilement à Marseille du phosphate gélatineux régénéré de l'apatite. Encore un problème posé à la chimie. Encore un élément de production pour l'agriculture. Encore un aliment au commerce déjà si actif de la France avec l'Espagne.

[Dans une lettre adressée à M. Dumas, et communiquée à l'Institut en avril 1859 (2), M. de Luna signale tout à la fois et l'existence du phosphate de chaux à quatre lieues du chemin de fer de la Méditerranée et les essais de traitement industriel auxquels il a soumis cette matière. J'extrais d'une lettre qui m'est adressée par ce professeur, des détails sur le gisement dont il a étudié les caractères.

L'apatite se trouve à Jumilla, province de Murcie, à 40 kilomètres de Monavar, qui est l'avant-dernière station du chemin d'Alicante. Le gisement est situé à 8 kilomètres de Jumilla, dans un terrain volcanique. L'apatite y occupe une assez grande étendue dans une ferme appelée la *Celia*, et ses cristaux se remarquent en abondance, dans toute la masse de terrain constituant cinq petites montagnes voisines les unes des autres. La surface du sol est formée par une couche peu épaisse de carbonate de

(1) *Comptes-rendus de l'Académie des Sciences.* — 1855. 2e semestre, page 95.

(2) *Comptes-rendus de l'Académie des Sciences*, 1859. 1er semestre, page 802.

chaux, sous laquelle on rencontre l'apatite constituant de grandes masses très poreuses de couleur rouge alternées de points blancs et pénétrées de cristaux d'apatite de nuance jaune verdâtre.

Dans ces masses apparaît également le fer oligiste en cristaux brillants.

La densité de la substance est de 1,713, et sa composition recherchée sur les échantillons extraits et pulvérisés sans triage, peut-être ainsi représentée d'après les analyses de M. de Luna :

| | |
|---|---:|
| Phosphate de chaux uni à quelques centièmes de phosphate de magnésie, d'alumine et de fer................................ | 45,00 |
| Carbonate de chaux....................... | 10,90 |
| Fluorure de calcium..................... | 0,38 |
| Acide silicique......................... | 38,44 |
| Fer oligiste............................ | 5,28 |
| | **100,00** |

Les cristaux d'apatite isolés avec soin ont fourni :

| | |
|---|---:|
| Phosphates terreux unis à un peu de phosphate d'alumine et de fer............ | 93,00 |
| Fluorure de calcium.................... | 7,00 |
| Phosphate de fer et d'alumine.......... | traces. |
| | **100,00** |

M. de Luna a observé un autre gisement, situé dans la même province, à 3 lieues de la mer, dans un lieu appelé *Sierra Alhamilla*. Ce gisement est considérable, mais jusqu'à présent, les échantillons extraits n'ont pas donné à l'analyse plus de 25 à 30 % de phosphate de chaux. Ces échantillons se présentent sous forme de matière blanche, friable, d'une densité de 2,37 et renfermant quelques fragments de peroxyde de fer : leur composition est représentée par les chiffres suivants :

| | |
|---|---:|
| Phosphate de chaux...................... | 25,07 |
| Sulfate de chaux...................... | 34,35 |
| Sesquioxyde de fer...................... | 3,10 |
| Fluorure de calcium...................... | 0,18 |
| Alumine, chaux et magnésie........ ..... | 7,00 |
| Acide silicique, eau et perte............. | 30,30 |
| | 100,00 |

Un gisement étudié en ce moment même par M. de Luna fournit 60 % de phosphate de chaux.

Des recherches ultérieures, que le développement des voies de communication et du crédit public rendra chaque jour plus faciles, amèneront probablement la découverte de nouvaux gisements, riches en matière utile et pouvant dès lors supporter un transport lointain. Un intérêt immense s'attache à de telles investigations, car les résultats pratiques qui en découlent intéressent tout à la fois l'agriculture, l'industrie et le commerce.

Ce qu'il convient d'ajouter, c'est que, selon M. de Luna, la solubilité de l'apatite de *Jumilla* dans l'acide carbonique s'effectue avec une grande facilité. Au point de vue agricole, ce fait a une sérieuse importance. ]

Le dernier tableau décennal publié par le Gouvernement français prouve que les échanges avec l'Espagne étaient représentés par les chiffres moyens de 91 millions de 1827 à 1836, de 127 millions de 1837 à 1846, de 157 millions de 1847 à 1856.

[Les dernières années connues ont fourni :

| | | |
|---|---:|---|
| 1857........ | 257 | millions. |
| 1858........ | 220 | — |
| 1859........ | 207 | — |

Calculée jusqu'à 1858 inclusivement, la moyenne des cinq dernières années était de 218 millions, chiffre énorme relativement à la moyenne de 1847 à 1856, mais faible encore si l'on songe aux probabilités de l'avenir.

Si on examine particulièrement les importations espagnoles, pour les mêmes périodes décennales, on reconnaît qu'elles sont exprimées, en moyenne, par 32 millions, 40 millions et 58 millions.

Les dernières années connues ont fourni :

1857........ 96 millions.
1858........ 61 —
1859........ 71 —

Calculée jusqu'à 1858 inclusivement, la moyenne des cinq dernières années était représentée par 82 millions.

L'Espagne se présente au quatrième rang parmi les puissances avec lesquelles la France entretient des relations maritimes. Elle n'est dépassée sous ce rapport que par l'Angleterre, la Sardaigne et les Etats-Unis. Ce symptôme est remarquable, et l'exploitation des apatites et phosphorites doit contribuer à le rendre plus significatif. ]

A quelque point de vue qu'on se place, la question des phosphates a donc un intérêt saisissant. Qu'on l'examine en agronome ou en économiste, on demeure également convaincu que les plus graves problèmes se rattachent à sa solution. Voilà, Messieurs, ce que je voulais surtout établir dans ces leçons, et, dussé-je m'illusionner, je crois avoir en partie réussi, si j'en juge par l'attention bienveillante et soutenue que vous m'avez prêtée.

# PHOSPHATES FOSSILES

# PHOSPHORITE. — APATITE. — GUANOS TERREUX.

## BULLETIN BIBLIOGRAPHIQUE.

Quelques-uns des ouvrages mentionnés dans cette liste résument des travaux spéciaux, qu'il eût été trop long de signaler séparément et avec détails. Le lecteur qui consultera, par exemple, le remarquable mémoire de M. Elie de Beaumont, y trouvera des indications de sources nombreuses auxquelles il pourra avoir recours. Je me suis spécialement attaché à donner les titres des publications récentes auxquelles les agronomes ou les industriels pourront avoir recours avec utilité immédiate.

**Mémoire sur l'Histoire naturelle et sur la Richesse minérale de l'Espagne**, par Leplay. Paris.

**Sur le Phosphate de Chaux d'Estramadure**, par Leplay. *Annales des Mines.* 3º série. Tome V. 1834.

**De l'Apatite d'Estramadure.** *Quaterly journal of the geological society of London.* V. 1.

**Pseudo-coprolithes et Coprolithes**, par Thompson Herapath. *Journal of the royal agricultural society of England.* T. XII. 1re partie. 1851.

**Études sur l'utilité agricole et sur les gisements géologiques du Phosphore**, par M. Elie de Beaumont. *Moniteur* des 24 et 25 juillet 1856; 11, 12 février; 26, 27 mars; 18 et 28 juillet 1857.

**Rapport à M. le Préfet de la Loire-Inférieure** sur la production et le commerce des Engrais. Exercice 1855-1856, par M. Adolphe Bobierre, chimiste-vérificateur des Engrais. Nantes, imp. W. Busseuil.

**Mémoire sur le Phosphate de chaux de Logrosan**, par M. Clément Rosway. Inédit.

**Société générale d'exploitation du Phosphate de chaux fossile**, par MM. Démolon et Thurneyssen, 1857. Vaugirard, imp. Choisnet. — Cette brochure renferme un Mémoire adressé par les auteurs à l'Académie des Sciences, et inséré par extraits dans les comptes-rendus de cette Société.

**Rapport à Sa Majesté l'Empereur**, sur l'importance agricole des gisements de phosphate de chaux, par M. Adolphe Bobierre, 1857. (Inédit.)

**Rapport à M. le Préfet de la Loire-Inférieure** sur la production et le commerce des engrais; exercice 1856-57; par M. Adolphe Bobierre. *Journal d'Agriculture pratique*, septembre 1857.

**Sur les Phosphates fossiles**, par M. Dugléré. *Comptes-Rendus de l'Académie des Sciences*, 1857, 1er semestre 1857, p. 97.

**Découverte et Exploitation en France de vastes Gisements de Phosphate de chaux fossile**, par M. Démolon, 1857. Saint-Malo, imp. Hamel.

**Renseignements sur le Traitement industriel des Phosphates minéraux**, par M. Elie de Beaumont. *Comptes-Rendus de l'Académie des Sciences*, 1857, 1er semestre, page 506.

**Action des Nodules de Phosphate de chaux** sur la végétation dans les sols granitiques et schisteux, par M. Adolphe Bobierre. *Comptes-Rendus de l'Académie des Sciences*, 1857, 2e semestre, page 636.

**De la Solubilité des Phosphates minéraux dans l'Acide carbonique**, lettre de M. Adolphe Bobierre à M. Elie de Beaumont. *Comptes-Rendus de l'Académie des Sciences*, 1857, 2e semestre 1857, page 167.

**De la Solubilité des Phosphates minéraux dans les Acides du**

sol, par M. Dehérain. *Comptes-Rendus de l'Académie des Sciences*, 1857, 2ᵉ semestre, page 13.

**Lettre sur la Découverte des Phosphates de chaux exploitable dans l'intérêt agricole**, par Nesbit. *Comptes-Rendus de l'Académie des Sciences*, 1857, 2ᵉ semestre, page 1110.

**Memoria sobre la importancia agricola de la Fosforita de Logrosan**, par D. R. Z. Munoz y Luna. Madrid, 1857, inédit.

**Sur le Phosphate de chaux de Logrosan, en Estramadure.** Note du même auteur. *Comptes-Rendus de l'Académie des Sciences*, 1857, 2ᵉ semestre, page 376.

**De l'action des Charrées et des Phosphates fossiles dans les défrichements**, par M. Adolphe Bobierre. *Comptes-Rendus de l'Académie des Sciences*, 1857, 1ᵉʳ semestre.

**Des Phosphates des os et des Phosphates minéraux**, par M. Moride. *Comptes-Rendus de l'Académie des Sciences*, 1857, 1ᵉʳ semestre, page 239.

**Rapport sur les deux Communications précédentes**, par M. Payen. Même volume, pages 502 et 505.

**Discussion du même Problème**, par MM. Barral, de la Tréhonnais, Démolon, etc. *Journal d'Agriculture pratique*, février, mars, avril, juillet, août 1857, et avril 1858.

**Bulletin des Séances de la Société Impériale et Centrale d'Agriculture**, rédigé par M. Payen, secrétaire perpétuel. 1857, tome xii, n° 8.

**Agriculture et Phosphate de chaux**, par M. Baudement. *Constitutionnel* du 23 janvier 1857.

**Analyse d'une Substance dite Guano phosphatique**, par M. Adolphe Bobierre. *Comptes-Rendus de l'Académie des Sciences*, 1857, 1ᵉʳ semestre, page 1013.

**Composition d'un Phosphate naturel répandu abondamment à la surface du sol dans une des îles des Antilles**, par M. Malaguti. *Comptes-Rendus de l'Académie des Sciences*, 1857, 2ᵉ semestre, page 84.

**Phosphate de chaux fossile**, A. Pommier. *Echo Agricole*, 6 janvier 1858.

**Phosphate de chaux fossile**, A. Pommier. *Echo Agricole*, 3 février 1858.

**Sur la manière dont les Phosphates passent dans les Plantes**, par le baron Paul Thénard. *Journal d'Agriculture de la Côte-d'Or*, février 1858.

**Rapport sur les Engrais à M. le Préfet de la Loire-Inférieure**, 1857-1858. *Courrier de Nantes*, 28 août. Imp. W. Busseuil.

**Des Phosphates assimilables azotés**, Paris, 1858, sans nom d'auteur. Imp. Wittersheim.

**Du Phosphate de chaux et de son Utilité dans la Végétation**, par M. Démolon. 1858, Paris, imp. de Boisseau et Augros.

**Guide de la Fabrication économique des Engrais**, par Rohart. 1858, Paris, imp. Bourdier et C$^{ie}$.

**Mémoire sur l'Apatite**, par MM. H. Sainte-Claire Deville et H. Caron. *Comptes-Rendus de l'Académie des Sciences*, 20 décembre 1858.

**Sur les Transformations que le Phosphate de chaux éprouve dans le sol**, par M. Dehérain. Même recueil. Même numéro.

[**Sur la Composition des Phosphates fossiles exploités en France et en Angleterre**, par M. Delanoue. *Comptes-Rendus de l'Académie des Sciences*, 11 juillet 1859.

**Sur les Phosphates de chaux fossiles**, par M. Deschamps d'Avallon. *Comptes-Rendus de l'Académie des Sciences*, 18 juillet 1859.

**Sur l'Association des Phosphates de chaux et de fer dans les Nodules exploités en France et en Angleterre**, par M. Adolphe Bobierre. *Comptes-Rendus de l'Académie des Sciences*, 25 juillet 1859.

**Des Phosphates fossiles et de leur emploi dans les cultures**, par M. Démolon. *Comptes-Rendus de l'Académie des Sciences*, 1$^{er}$ août 1859.

**Sur les Phosphates fossiles exploités en France**, par M. Meugy. Même recueil. Même numéro.

**Des Phosphates fossiles**, par M. Delanoue. *Comptes-Rendus de l'Académie des Sciences*, 16 août 1859.

**Recherches sur l'Emploi agricole des Phosphates**, thèse pour le doctorat, par M. Dehérain. Paris, décembre 1859.

**Cours de Chimie agricole**, professé en 1859 par M. Malaguti. Rennes, 1859, pages 169 et suiv.

**Fertilisation du sol par le Phosphate de chaux fossile**, par M. Démolon. Paris, 1860, imp. Panckoucke.

**Note sur l'Emploi du Phosphate de chaux en agriculture**, par M. L. de Vibraye. *Comptes-Rendus de l'Académie des Sciences*, 28 mai 1860.

**Rapport sur le Guano des îles Jarvis et Baker**, par le baron de Liebig. *Journal d'Agriculture pratique*, 5 octobre 1860.

**Sur l'Emploi agricole des Nodules de Phosphates de chaux**, par M. Bobliquo. *Comptes-Rendus de l'Académie des Sciences*, 19 novembre 1560.

**Sur les Gisements du Guano dans les îlots et sur les côtes de l'Océan Pacifique**, par M. Boussingault. *Annales du Conservatoire impérial des Arts et Métiers*, janvier 1861.

**De l'Emploi des Phosphates minéraux en agriculture**, par le baron Ernouf. Paris, 1861. Imp. de Napoléon Chaix.

**Le Noir de Raffinerie et le Phosphate de chaux minéral**, par M. Jamet. *Journal d'agriculture pratique*, 5 mars 1861.]

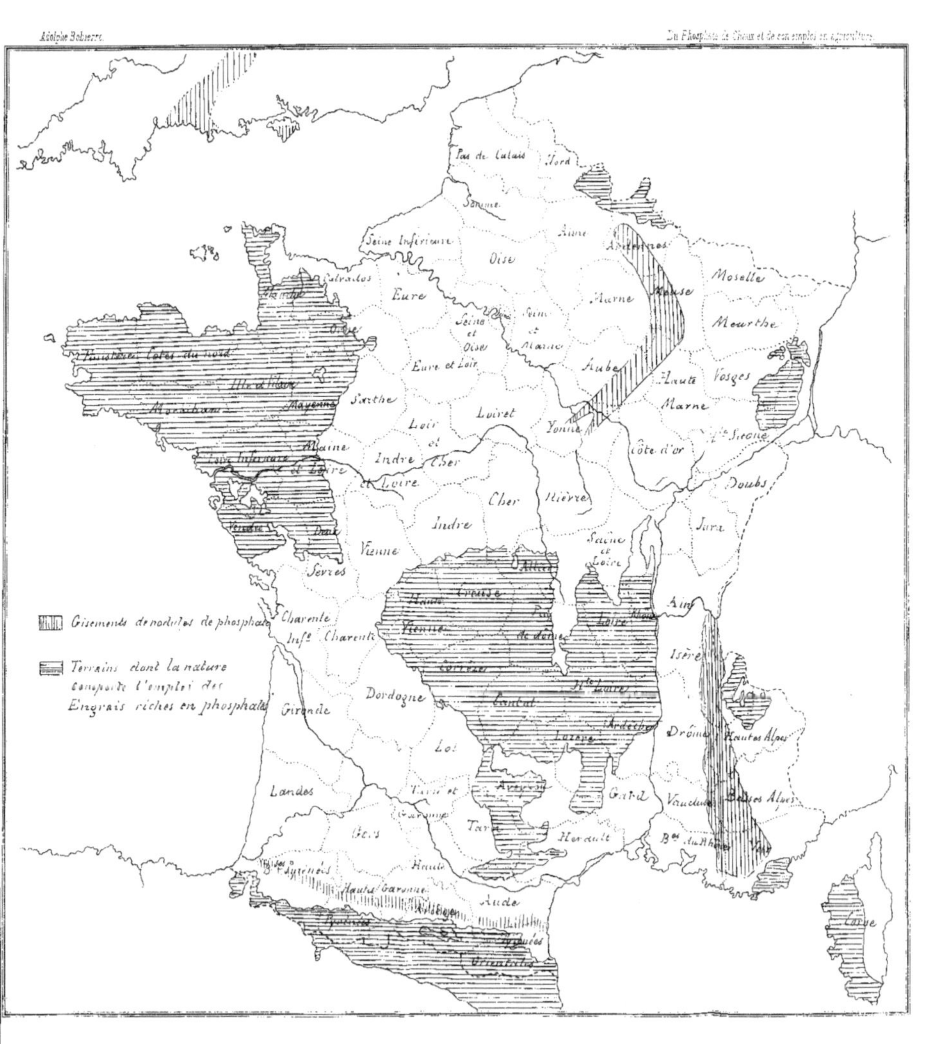
Gisements de nodules de phosphate
Terrains dont la nature
comporte l'emploi des
Engrais riches en phosphate
Pas de Calais
Nord
Somme
Aisne
Seine Inférieure
Oise
Ardennes
Moselle
Calvados
Eure
Marne
Meuse
Meurthe
Orne
Seine
et
Oise
Seine
et
Marne
Aube
Haute
Vosges
Eure et Loir
Sarthe
Loiret
Marne
Ille et Vilaine
Mayenne
Yonne
Côte d'or
Hte Saône
Finistère
Côtes du nord
Morbihan
Maine
et Loire
Indre
et Cher
Loire
Cher
Nièvre
Doubs
Loire Inférieure
Deux
Sèvres
Vienne
Indre
Saône
et
Loire
Jura
Charente
Infre
Charente
Haute
Vienne
Creuse
Allier
Ain
Corrèze
Puy de dôme
Loire
Isère
Dordogne
Cantal
Hte Loire
Ardèche
Drôme
Hautes Alpes
Gironde
Lot
Lozère
Aveyron
Gard
Vaucluse
Basses Alpes
Landes
Tarn et
Garonne
Tarn
Hérault
Bes du Rhône
Basses Pyrénées
Hautes
Garonne
Ariège
Aude
Pyrénées
Orientales
Corse

CROQUIS DES ENVIRONS DE LOGROSAN
indiquant les affleurements des filons de phosphate de chaux
et leur direction générale

*Adolphe Bobierre*

*Du Phosphate de Chaux.*

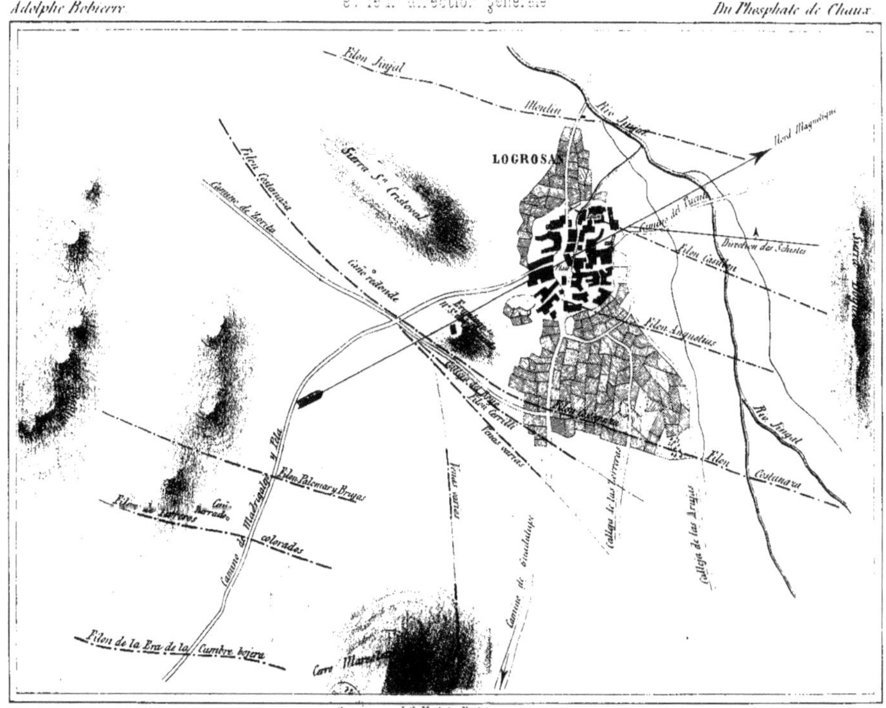

# TABLE ALPHABÉTIQUE

## DES MATIÈRES.

### A.



### B.



### C.



### D.

## E.



## F.



## G.



## N.



## O.

### R.



### S.

---

## ERRATUM.

Page 73, ligne 19 : au lieu de *Hunter*, lisez *Fichter*.

---

Nantes, Imprimerie de M<sup>me</sup> veuve C. Mellinet.